《海洋小百科全书》于2002年5月出版,2003年9月被中国共产党中央委员会宣传部、中国科学技术协会、中华人民共和国科学技术部、国家广播电影电视总局、中华人民共和国新闻出版总署、国家自然科学基金委员会、中国作家协会联合授予"第五届全国优秀科普作品奖科普图书类三等奖"。本书于2007年10月修订再版,现再次修订,由中山大学出版社出版。

《海洋小百科全书》荣获"第五届全国优秀科普作品奖"

海洋小百科全书

主　编　关庆利
副主编　丁玉柱　彭　垣

海洋物理

熊建设　徐洪梅　王维理　编著

中山大学出版社
·广州·

版权所有 翻印必究

图书在版编目(CIP)数据

海洋物理/熊建设,徐洪梅,王维理编著.—广州:中山大学出版社,2012.1

(海洋小百科全书/关庆利主编)

ISBN 978-7-306-03563-9

Ⅰ.①海… Ⅱ.①熊… ②徐… ③王… Ⅲ.①海洋物理学–普及读物 Ⅳ.①P733-49

中国版本图书馆CIP数据核字(2009)第221836号

出 版 人:	徐 劲
策划编辑:	蔡浩然
责任编辑:	蔡浩然
装帧设计:	杨桂荣 贾 萌
责任校对:	李海东
责任技编:	何雅涛
出版发行:	中山大学出版社
电 话:	编辑部 020-84111996,84113349
	发行部 020-84111998,84111981,84111160
地 址:	广州市新港西路135号
邮 编:	510275 传 真: 020-84036565
网 址:	http://www.zsup.com.cn E-mail: zdcbs@mail.sysu.edu.cn
印 刷 者:	佛山市浩文彩色印刷有限公司
规 格:	880mm×1230mm 1/32 10印张 208千字 4插页
版次印次:	2012年1月第1版
	2014年4月第4次印刷
定 价:	19.80元

如发现本书因印装质量影响阅读,请与出版社发行部联系调换

海洋物理

▼ 利用声呐探测水雷

▲ 漂浮在海洋中的冰山

► 潜艇中的声呐兵

▲ 投放海洋资料浮标

▲ 大洋中脊卫星观测图

海洋小百科全书　　　*海洋物理*

▲ 海洋遥感卫星

▲ 船舶航行中的尾流

◀ 水下摄影技术

拍摄水下电视 ▲

▶ 卫星观测的海面风场

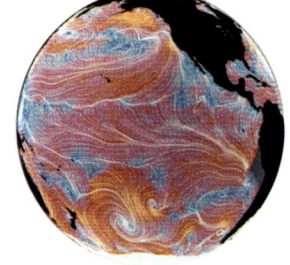
WIND SPEED, M/S
0　2　4　6　8　10　12　14　16　18　20

海洋物理

卫星发射 ▲

▲ 水下实验室

未来的水下城市 ▲

载人潜水器 ▲

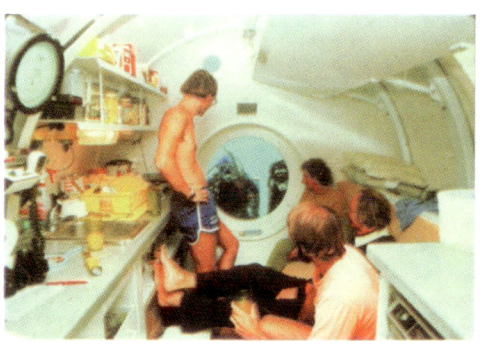
▲ 潜水员在水下居住舱中休息

海洋物理

▼ GPS导航卫星

► 用六分仪导航

▲ 多波束海洋调查船

船用指南针 ▲

深海钻井船 ▲

序言

　　海洋是人类的母亲，也是人类千万年来取之不尽、用之不竭的巨大资源宝库。在人类赖以生存的蓝色星球——地球上，蔚蓝色的海洋占有约71%的总面积。

　　雄踞在这颗蓝色星球的东方、浩瀚无垠的太平洋西岸上的中华人民共和国，不仅拥有960万平方千米的陆地国土，而且还拥有300万平方千米的海洋国土，有着1.8万千米绵延曲折的海岸线。在这浩瀚的蓝色国土上，珍珠般地镶嵌着大大小小6500多个美丽而富饶的岛屿。

　　勤劳勇敢的中华民族，在古代就凭着自己卓越的智慧和创造力，伐木成舟，劈波斩浪，牵星观月，远渡重洋，以举世瞩目的海洋文明跻身于世界航海强国的民族之林。

　　21世纪是海洋的世纪，21世纪的主人翁就是今天的青少年朋友。他们不仅是我国的未来和希望，而且必定是21世纪振兴经济和提升海洋科技的主力军。海洋将是青少年朋友报效祖国、振兴中华民族大显身手的辉煌舞台。只有帮助青少年及早地以科学的眼光认识世界的发展，科学地把握未来，早日加入到海洋开发建设的队伍中来，才能更好地发展我国的海洋经济，捍卫我国的海洋权益。未来是海洋的时代，只有让广大的青少年了解海洋、接近海洋、认识海洋，才能把握海洋、开发海洋、利用海洋和捍卫海洋权益，为祖国的海洋开发建设作贡献,为中华民族的子孙后代造福。为了提高中华民族的海洋文化素质,再铸中华民族海洋文明的辉煌,使我国成为21世纪的海洋强国,有识之士必须从现在做起,从青少年抓起,全面培养我国青少年的海洋意识,普及海洋科学知识,提高海洋科技技能,增强蓝色国土观念和捍卫海洋权益的责任感、使命感。从这个意义上说,在人类进入21世纪的伟大时代,在全球开始创造海洋经济的伟大时刻,在世界日益关注海洋权益的今天,出版这套经过缜密修订的全面、系统、科学地介绍海洋知识的《海洋小百科全书》,无疑是奉献给我国青少年朋友的一份珍贵礼物,是激发青少年的海洋兴趣、增长海洋知识、普及海洋文化、宣传海洋文明、提高海洋素质、促进海洋教育所做的一件功在当代、利在千秋的非常具有实践成就和指导意义的工作。

绚丽多姿的海洋召唤着青少年朋友们去探索和揭秘,无穷无尽的海洋宝藏等待着有志于海洋事业的青少年朋友们去开发和利用。这套图文并茂、深入浅出的《海洋小百科全书》,必将以丰富的知识性、深刻的思想性和高雅的趣味性,成为青少年朋友在蓝色海洋里成长、成才的良师益友。

祝愿青少年朋友读完这套书后能够早日成为大海的骄子,为把祖国建设成伟大的海洋经济强国和海洋科技强国贡献自己宝贵的青春和智慧。

国家海洋局局长:

2010年4月6日

海洋物理

目 录

一、妙趣横生的海洋物理

1. 什么是海洋物理学？ ………………………………（2）
2. 海洋物理学研究的主要内容是什么？ ……………（2）
3. 为什么要研究海水的温度及其分布规律？ ………（3）
4. 你知道海水的平均温度是多少吗？ ………………（4）
5. 影响海水温度的因素有哪些？ ……………………（5）
6. 一天中表层海水的温度是如何变化的？ …………（6）
7. 海洋水温的水平分布有什么特点？ ………………（7）
8. 海洋水温的垂直分布有什么特点？ ………………（8）
9. 海洋表面的年平均温度是在升高还是在降低？ …（10）
10. 为什么20世纪气候会变暖？ ………………………（10）
11. 海水和淡水的比热一样吗？ ………………………（12）
12. 海洋为什么能调节气温？ …………………………（12）
13. 盐度对海水的物理性质有哪些影响？ ……………（13）
14. 世界海洋中盐度的分布有什么特征？ ……………（13）
15. 海水的密度有多大？ ………………………………（14）
16. 为什么要精确测定海水的密度？ …………………（15）
17. 如何准确地测定海水的密度？ ……………………（15）
18. 哪里的海水密度最大？ ……………………………（16）
19. 海冰也是冰吗？ ……………………………………（16）
20. 海水的冰点与盐度有关吗？ ………………………（17）
21. 海水结冰与淡水结冰的过程一样吗？ ……………（18）

22. 海水中的压力是如何计算的? ……………… (19)
23. 海底的压力有多大? ……………………… (20)
24. 海水可以压缩吗? ………………………… (21)
25. 为什么要研究海水的电导率? …………… (22)
26. 为什么人们不能生活在海洋中? ………… (23)
27. 开发海洋的主要困难在哪里? …………… (24)

二、威力无比的海洋声学

28. 什么是声? ………………………………… (27)
29. 有没有听不见的声波? …………………… (27)
30. 描述声的物理参数有哪些? ……………… (28)
31. 什么是海洋声学? ………………………… (29)
32. 海水中的声速是多少? …………………… (30)
33. 大洋中声速的变化范围有多大? ………… (31)
34. 海洋中声速的垂直分布有何特点? ……… (31)
35. 是谁第一个测出了水中的声速? ………… (33)
36. 怎样测量海水中的声速? ………………… (34)
37. 声音在海洋中是怎样衰减的? …………… (35)
38. 在海洋中声音究竟能传多远? …………… (35)
39. 你知道什么是海洋声道吗? ……………… (36)
40. 什么是浅水声道? ………………………… (37)
41. 什么是深水声道? ………………………… (38)
42. 在海洋中声波是沿直线传播的吗? ……… (40)
43. 声波在海洋中怎样传播? ………………… (40)
44. 有没有声波无法到达的死角? …………… (41)
45. 海底的声学特性有哪些? ………………… (42)

46. 海洋里有哪些噪声? ………………………………… (43)
47. 为什么要用声波而不用电磁波进行水下观测? …… (44)
48. 你知道什么是声呐吗? ……………………………… (45)
49. 声呐有什么用途? …………………………………… (46)
50. 声呐是怎么发明的? ………………………………… (47)
51. 促使声呐技术迅速发展的原因是什么? …………… (48)
52. 什么是奇妙的"下午效应"? ………………………… (49)
53. 什么是混响? ………………………………………… (51)
54. 海洋混响对声呐有什么影响? ……………………… (52)
55. 为什么说混响比噪声更难对付? …………………… (53)
56. 海豚是怎样识别目标的? …………………………… (53)
57. 海豚的声呐与人造声呐相比有哪些优点? ………… (55)
58. 水声技术的功劳有多大? …………………………… (55)
59. 常用的回声探测设备有哪些? ……………………… (57)
60. 回声测深仪是怎样测量海深的? …………………… (57)
61. 回声测深仪的主要用途是什么? …………………… (58)
62. 回声测深仪的种类有哪些? ………………………… (59)
63. 为什么会有两种不同的海深? ……………………… (59)
64. 回声测深仪为什么能将海底地形"抹平"? ………… (61)
65. 什么是多波束测深仪? ……………………………… (61)
66. 为什么把侧扫声呐称为海底地貌仪? ……………… (63)
67. 侧扫声呐的本领有多大? …………………………… (64)
68. 什么是多普勒效应? ………………………………… (65)
69. 什么是声学多普勒海流计? ………………………… (66)
70. 水下传递信息的主要方式是什么? ………………… (67)
71. 水下也能打电话吗? ………………………………… (68)
72. 什么是海洋声学层析术? …………………………… (69)
73. 声呐由哪几部分构成? ……………………………… (70)
74. 探照灯式声呐是怎样发现目标的? ………………… (71)

75. 声呐发射机的作用是什么？ …………………………（72）
76. 声呐发射信号的间隔时间是如何确定的？ ………（73）
77. 声呐发射信号的持续时间为多少比较合适？ ……（74）
78. 声呐换能器是怎样发声的？ ………………………（74）
79. 磁致伸缩型换能器是如何发声的？ ………………（75）
80. 声呐是怎样搜索目标方位的？ ……………………（76）
81. 声呐接收机的任务是什么？ ………………………（78）
82. 声呐接收为什么要进行频率变换？ ………………（78）
83. 声呐指示器的作用是什么？ ………………………（79）
84. 声呐显示器有哪几种类型？ ………………………（80）
85. 被动声呐是如何测量目标方向的？ ………………（81）
86. 声呐是如何测量目标距离的？ ……………………（82）
87. 什么是调频测距法？ ………………………………（82）
88. 调频测距法是怎样测量距离的？ …………………（83）
89. 连续声呐的优点是什么？ …………………………（84）
90. 声呐是怎样测量目标的航速和航向的？ …………（84）
91. 利用多普勒效应测量航速和航向有什么好处？ …（85）
92. 声呐是怎样识别目标潜艇是敌是友的？ …………（86）
93. 为什么声呐会错把鱼群当潜艇？ …………………（87）
94. 声呐是怎样识别目标类型的？ ……………………（88）
95. 怎样才能让声呐"看"得更远？ ……………………（89）
96. 怎样才能让声呐"看"得更快？ ……………………（91）
97. 计算机在声呐系统中有哪些应用？ ………………（92）
98. 为什么要设置岸用声呐站？ ………………………（94）
99. 声呐是怎样发现海底石油的？ ……………………（95）
100. 深海石油开发中是如何保证钻井平台稳定的？
　　　　　　　　　　　　　　　…………………（96）
101. 是谁帮助钻杆重新插入海底井口的？ ……………（97）
102. 为什么潜艇能在冰下航行？ ………………………（99）

103. 鲸鱼真的会集体自杀吗? …………………… (100)
104. 尾流是怎样产生的? …………………………… (101)
105. 利用尾流能否发现潜艇的踪迹? ……………… (102)
106. 为什么会将自己的尾流当成敌方的潜艇? …… (103)
107. 潜艇声呐有什么特点? ………………………… (104)
108. 潜艇是怎样对付声呐探测的? ………………… (106)
109. 水下航行器是怎样确定自己位置的? ………… (107)
110. 水下导航定位系统的种类有哪些? …………… (109)
111. 什么是水声遥感遥测系统? …………………… (110)
112. 鱼探仪是怎样发明的? ………………………… (111)
113. 为什么鱼探仪会知道水下有没有鱼群? ……… (112)
114. 垂直鱼探仪有什么特点? ……………………… (113)
115. 水平鱼探仪的优势是什么? …………………… (114)
116. 你知道什么是接力探鱼法吗? ………………… (115)
117. "声发"的特殊用途是什么? …………………… (116)
118. 声呐会干扰海洋动物的正常生活吗? ………… (117)

三、奇光异彩的海洋光学

119. 你知道光是什么吗? …………………………… (119)
120. 光学到底研究哪些问题? ……………………… (119)
121. 是谁第一个证明了光速是有限的? …………… (120)
122. 光在水中能跑多快? …………………………… (121)
123. 光波和无线电波有什么共同之处? …………… (122)
124. 为什么会有五颜六色的光? …………………… (123)
125. 海洋光学是怎样发展起来的? ………………… (124)
126. 海洋光学的研究内容是什么? ………………… (125)

127. 太阳光对海洋有哪些影响？ (126)
128. 海洋可以吸收多少太阳能？ (127)
129. 太阳辐射能到达海洋底部吗？ (128)
130. 阳光穿透海洋的最大深度是多少？ (129)
131. 阳光穿透海水的深度由哪些因素决定？ (130)
132. 潜水员看到的太阳光是什么颜色？ (131)
133. 为什么物体在水上和水下的颜色不同？ (132)
134. 什么颜色在水中最容易被辨认？ (132)
135. 光在水中传播为什么会发散开？ (133)
136. 什么是海洋的"蓝绿窗口"？ (134)
137. 浅海的水底为什么会有闪动的光斑？ (135)
138. 海水的折射率与哪些因素有关？ (136)
139. 为什么海水的实际深度比看到的要深？ (136)
140. 从水中看天空会是什么样子呢？ (137)
141. 为什么水下物体看起来比实际的大？ (138)
142. 海水的透明度是怎样测量的？ (139)
143. 精确测定海水透明度的方法是什么？ (140)
144. 离水面越近的地方就能看得越远吗？ (141)
145. 我国沿海的海水透明度有多高？ (142)
146. 世界上什么地方的海水透明度最高？ (142)
147. 海色和水色是一回事吗？ (143)
148. 大海都是蓝色的吗？ (144)
149. 影响水色的原因有哪些？ (144)
150. 什么是水下摄影技术？ (145)
151. 水下照相机是怎样工作的？ (146)
152. 水下摄影对胶片有什么特殊要求？ (147)
153. 为什么水下照明设备的功率不宜太大？ (148)
154. 哪些照明光源可用于水下摄影？ (149)
155. 为什么水下照片总是灰蒙蒙的？ (149)

156. 是谁拍摄了第一张水下照片? ……………………(150)
157. 是谁拍摄了第一张水下彩色照片? ………………(151)
158. 第一部水下电影是谁拍摄的? ……………………(152)
159. 海中寻物的困难在哪里? …………………………(152)
160. 水下电视有什么用处? ……………………………(154)
161. 激光在水下电视中有什么作用? …………………(155)
162. 水下激光电视由哪几个部分组成? ………………(155)
163. 哪些激光器可以发射蓝绿光? ……………………(156)
164. 如何改善水下激光电视的显像效果? ……………(157)
165. 视场扫描式水下激光电视的优点在哪里? ………(159)
166. 水下电视的发展还存在哪些问题? ………………(159)
167. 海洋激光雷达有什么用途? ………………………(160)
168. 海洋激光雷达是怎样工作的? ……………………(161)
169. 坐在飞机上也能测量海水的深度吗? ……………(162)
170. 激光雷达是怎样测出叶绿素浓度的? ……………(163)
171. 什么是海市蜃楼? …………………………………(164)
172. 海市蜃楼是如何产生的? …………………………(165)
173. 国外也出现过海市蜃楼吗? ………………………(165)
174. 沙漠中也会有海市蜃楼吗? ………………………(166)
175. 海边的海市蜃楼与沙漠中的海市蜃楼有何不同?
　　 ………………………………………………………(167)
176. 海发光有哪几种不同的类型? ……………………(168)
177. 海洋动物为什么要发光? …………………………(169)
178. 怎样用光学的方法捕鱼? …………………………(170)
179. 利用激光也能探测鱼群吗? ………………………(171)
180. 天空为什么也是蓝色的? …………………………(172)
181. 在什么条件下能看见传播的光束? ………………(173)
182. 利用电磁波能否探明海底的矿床? ………………(173)
183. 什么样的电磁波能在海洋中传播? ………………(174)

184. 利用电磁波能否与水下的潜艇通讯？ ………… (175)

四、探索海洋的高新技术

185. 什么是海洋遥感？ ………………………… (177)
186. 海洋遥感是从什么时候开始的？ ………… (178)
187. 为什么要用海洋遥感技术研究海洋？ ………… (179)
188. 海洋卫星遥感技术的优势在哪里？ ………… (180)
189. 海洋遥感技术可分为哪两大类？ ………… (180)
190. 我国的海洋遥感技术现状如何？ ………… (182)
191. 揭开海洋卫星遥感新纪元的标志是什么？ ………… (183)
192. 遥感卫星的种类有哪些？ ………………… (185)
193. 什么是卫星海洋遥感系统？ ……………… (186)
194. 谁是海洋卫星的"火眼金睛"？ …………… (187)
195. 用于遥感观测的传感器有哪些？ ………… (188)
196. 海洋遥感卫星是怎样测量海面风场的？ ………… (188)
197. 海洋遥感卫星是怎样测量海面高度的？ ………… (189)
198. 为什么合成孔径雷达具有较高的图像分辨率？
……………………………………………… (191)
199. 海洋遥感卫星是怎样测量海面温度的？ ………… (191)
200. 多光谱扫描仪在海洋观测中的作用是什么？ …… (192)
201. 海洋遥感取得了哪些新成就？ …………… (193)
202. 什么是海洋卫星？ ………………………… (195)
203. 海洋水色卫星的主要作用是什么？ ……… (196)
204. 海洋水色卫星的主要特点是什么？ ……… (197)
205. 海洋水色卫星与气象卫星的主要差别在哪里？
……………………………………………… (198)

海洋物理

206. 海洋卫星的主要用途有哪些？……………… (199)
207. 什么是渔业遥感技术？………………………… (201)
208. 我国海洋卫星的应用发展目标是什么？…… (202)
209. 人造卫星为什么能在太空中遨游？………… (203)
210. 什么是太阳同步卫星轨道？…………………… (205)
211. 什么是地球同步卫星轨道？…………………… (206)
212. 第一颗气象卫星是哪一颗？…………………… (206)
213. 第一颗陆地资源卫星是哪一颗？……………… (207)
214. 第一颗海洋卫星是哪一颗？…………………… (209)
215. 我国的"风云一号"卫星性能如何？………… (209)
216. "风云二号"与"风云一号"的区别在哪里？… (211)
217. 是谁开辟了"数字中国"的新纪元？………… (212)
218. 中国第一个遥感卫星地面站是什么时候建成的？………………………………………………… (213)
219. 我国遥感卫星地面站的现状如何？………… (214)
220. 现代海洋观测的手段有哪些？……………… (215)
221. 常用的海洋观测仪器有哪些？……………… (216)
222. 什么是海洋浮标观测技术？………………… (216)
223. 有了遥感技术为什么还要发展浮标观测技术？… (218)
224. 什么是锚泊浮标？……………………………… (219)
225. 什么是漂流浮标？……………………………… (220)
226. 你知道什么是潜标吗？………………………… (221)
227. 我国第一个全自动海洋浮标是什么时候制成的？………………………………………………… (222)
228. 海洋浮标技术的发展趋势如何？……………… (222)
229. 什么是潜水器？………………………………… (223)
230. 什么是载人潜水器？…………………………… (224)
231. 无人遥控潜水器是怎样工作的？……………… (225)

9

232. 我国第一艘载人潜水器是什么时候研制
　　　成功的？ ……………………………………… (226)
233. 我国第一台载人水下机器人是什么时候
　　　出现的？ ……………………………………… (227)
234. 我国第一台有缆水下机器人是什么时候研制
　　　成功的？ ……………………………………… (228)
235. 我国第一台近海石油钻井勘探水下机器人是
　　　什么时候问世的？ …………………………… (228)
236. 我国第一台无缆水下机器人是何时诞生的？ … (229)
237. 我国第一台6000米海底作业机器人是什么
　　　时候研制成功的？ …………………………… (230)
238. 我国第一台6000米海底作业机器人具有什么
　　　样的本领？ …………………………………… (231)
239. 谁被誉为"中国水下机器人之父"？ ………… (232)
240. 水下实验室有什么奥秘？ …………………… (233)

五、四通八达的海底电缆

241. 什么是数字海洋？ ……………………………… (236)
242. 什么是海底通信电缆？ ………………………… (237)
243. 为什么要铺设海底电缆？ ……………………… (237)
244. 海底光缆通信与卫星通信相比具有什么优点？
　　　……………………………………………………… (238)
245. 光纤是如何传输信息的？ ……………………… (239)
246. 光纤通信系统由哪几部分组成？ ……………… (240)
247. 海底光缆会取代海底电缆吗？ ………………… (241)
248. 海底光缆传输系统包括哪些设备？ …………… (242)

海洋物理

249. 为什么海底光缆必须穿上厚厚的"潜水服"？……（243）
250. 什么时候使用无中继海底电缆？……………………（243）
251. "深海光缆"和"浅海光缆"的区别是什么？………（244）
252. 海底光缆是怎样铺设的？…………………………（244）
253. 水下中继器是如何进行光信号放大的？…………（246）
254. 水下中继器的能量从哪里来？……………………（247）
255. 第一条海底电报电缆是什么时候铺设的？………（247）
256. 大西洋的海底电缆是什么时候接通的？…………（248）
257. 铺设大西洋海底电缆时遇到了什么样的困难？…（249）
258. 第一条海底电话电缆是什么时候铺设的？………（250）
259. 第一条环球电话电缆经由哪些路线？……………（250）
260. 最长的海底电缆线路在哪里？……………………（251）
261. 我国第一条水下电报电缆是什么时候开通的？…（251）
262. 我国自主建成的第一条海底电缆是哪一条？……（252）
263. 世界第一条海底光缆是什么时候铺设的？………（252）
264. 第一条横越大西洋的海底光缆是什么时候投入
     使用的？……………………………………………（253）
265. 世界上最长的海底光缆在哪里？…………………（253）
266. 我国最长的海底通信光缆在哪里？………………（254）
267. 连接我国的国际海底光缆有哪些？………………（254）
268. 我国参加建设的第一条国际海底光缆是哪条？…（256）
269. 中韩海底光缆是什么时候建成开通的？…………（256）
270. 第一条洲际光缆是什么时候在我国登陆的？……（256）
271. 中美海底光缆是什么时候投入使用的？…………（256）
272. 亚欧海底光缆是什么时候建成开通的？…………（257）
273. "亚太2号"光缆是什么时候建成的？………………（257）
274. 亚美海底光缆最突出的特点是什么？……………（258）
275. 引起海底电缆断裂的原因是什么？………………（259）
276. 破坏海底电缆的主要"肇事者"有哪些？…………（260）

11

277. 怎样进行海底管线的监测？ ……………… （261）

六、准确无误的导航技术

278. 什么是地文导航？ ……………………… （264）
279. 什么是天文导航？ ……………………… （265）
280. 最早的助航仪器是什么？ ………………… （266）
281. 天文钟是谁发明的？ …………………… （267）
282. 海洋导航技术有什么重要的作用？ ………… （267）
283. 什么是海洋导航技术？ …………………… （269）
284. 谁开辟了卫星导航的新纪元？ …………… （270）
285. 无线电导航定位的种类有哪些？ ………… （270）
286. 无线电导航技术发展的历史是怎样的？ …… （271）
287. 测向仪是怎样知道船舶所在位置的？ …… （272）
288. 船用雷达是如何测得目标的距离和方位的？ … （273）
289. 双曲线导航系统是怎样实现导航定位的？ …… （274）
290. 什么是"劳兰"导航系统？ ……………… （275）
291. "劳兰 C"为什么会取代"劳兰 A"？ ……… （276）
292. "台卡"是什么样的导航系统？ …………… （276）
293. "台卡"是怎样实现导航定位的？ ………… （277）
294. "奥米加"的突出优势是什么？ …………… （278）
295. "奥米加"与其他双曲线导航系统相比有什么
     优点？ …………………………………… （279）
296. 什么是卫星导航定位系统？ ……………… （280）
297. "子午仪"卫星导航系统是怎样发明的？ …… （282）
298. "子午仪"卫星导航系统是由哪几部分构成的？ …… （283）
299. "子午仪"卫星导航系统的定位精度是多少？ …… （284）

海洋物理

300. 为什么要开发第二代卫星导航系统? ……………(284)
301. 第二代卫星导航系统是什么时候正式投入使用的? ……………(285)
302. GPS是什么? ……………(286)
303. GPS能提供哪些导航信息? ……………(287)
304. GPS的导航定位精度有多高? ……………(287)
305. 我国第一个大型远程无线电导航系统是什么时候建成的? ……………(288)
306. 为什么要使用综合导航仪? ……………(289)
307. 我国卫星导航发展的现状怎么样? ……………(290)
308. 我国的"北斗"技术优势在哪里? ……………(291)

编后记 ……………(294)
《海洋小百科全书》分类目录 ……………(295)

海洋物理

妙趣横生的海洋物理

1. 什么是海洋物理学？

所谓海洋物理学就是以物理学的理论、技术和方法，研究海洋中的物理现象及其变化规律，并研究海洋水体与大气圈、岩石圈和生物圈的相互作用的一门科学。它是海洋科学的一个重要分支，与大气科学、海洋化学、海洋地质学、海洋生物学有密切的关系，在海洋运输、资源开发、环境保护、军事活动、海岸设施和海底工程等方面都有重要的应用。

海洋物理学作为海洋科学的一个独立分支学科，形成于19世纪末叶，但是它下属的一些分支的发展历史，却可追溯到自然地理学和海洋学萌芽的时代。海洋物理学的发展史，可概括为：①海洋考察阶段，它从实践上为海洋物理学的发展奠定了基础；②早期的理论研究和观测仪器的研制阶段，它为海洋物理学一些分支的发展奠定了基础；③近期的发展阶段，即海洋物理学形成了独立的学科体系后的发展时期。

2. 海洋物理学研究的主要内容是什么？

同学们，你们从中学时期就开始学习物理了，那么，你们是不是很想知道海洋物理学到底是研究什么的呢？实际上，海洋物理学的主要研究内容是：①研究海水各类运动和海洋与大气圈及岩石圈的相互作用的规律，为海况和天气的监测及预报提供依据；②研究海洋中的声、光、电现象和过程，以掌握其变化和机制；③进行为上述两项研究所必需的海洋观测，并研究海洋探测的各种物理学方法，从而实现有计划地在海上进行现场的专题观

海洋物理

测和实验。

　　通过这三方面的研究,形成了海洋物理学中一系列的分支学科。其中主要的有物理海洋学、海洋气象学、海洋声学、海洋光学、海洋电磁学和河口海岸带动力学等,内容可丰富了!

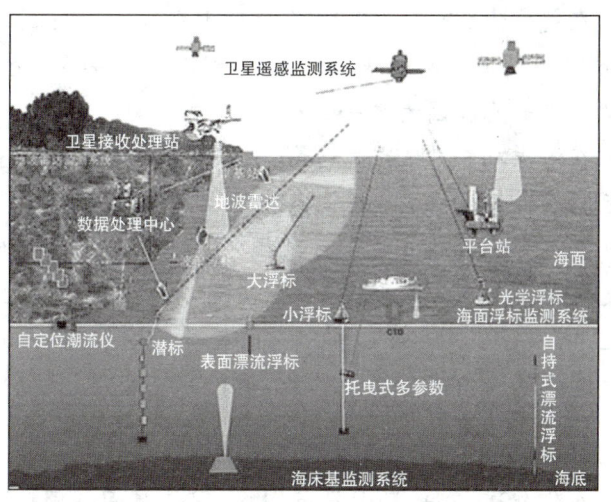

海洋立体监测示意图

3. 为什么要研究海水的温度及其分布规律?

　　我们知道,不同的城市、不同的季节,气温总是各不相同的。其实海洋中的情况也是这样,不同海域的温度往往各不相同,同一海域不同深度的海水温度也会有所不同。由于研究海水的温度及其分布规律对于研究海洋、开发海洋和利用海洋都有着十分重要的意义,所以,多年来海洋科学家们对于这一研究领域一直保持着浓厚的兴趣。这是因为,从海洋本身来说,几乎所有海洋现象都与海水的温度有关。

在军事上,潜艇的活动、鱼雷的发射等受海水温度的影响是很大的。强大的温度跃层常给潜艇的下沉和航行带来困难,上下层水温的差异会直接影响鱼雷的使用效果。

在气象上,海水温度的高低对于水面上大气的状况有着决定性的影响,比如,台风仅能在热带海洋发生,其中温度就是关键因素之一。

在海洋捕捞中,温度的影响就更为明显。由于鱼类不能调节自身的体温,其栖息场所常被水温所左右。许多鱼类都有其最适宜的温度范围,比如,秋刀鱼最适宜的温度范围为 13.0℃~19.2℃,鲸鱼为 13.0℃~20.2℃,沙丁鱼为 12.0℃~18.2℃等。根据鱼类的这种特性,选择在最适温范围内进行海上作业,捕获量就可大大提高。

4. 你知道海水的平均温度是多少吗?

我们知道,在世界大洋范围内,同一时间不同地点或者同一地点不同时间,海水的温度往往各不相同。由于海水的温度随着地理位置的不同、季节的更替,甚至太阳位置的变化而时刻变化着,所以研究海水温度的变化范围及其平均值是十分必要的。

海洋中水温变化的幅度从零下 2℃到 30℃。海水的最低温度,就是海水结冰的温度;而最高温度,则决定于太阳辐射过程以及海水与大气之间进行热量交换的各种过程。在被陆地所包围的海区中,海水的表面温度也可能比上述最高值更高,但在大洋以及大部分浅海中,就很

少有超过30℃的。在海洋深层,温度一般都很低,大体在零下1℃到4℃之间。

海洋中大部分水的温度是相当一致的:75%的海水温度在0℃到6℃之间,50%的海水温度在1.3℃到3.8℃之间,整体水温平均为3.8℃。其中,太平洋水温平均为3.7℃,大西洋水温平均为4.0℃,印度洋水温平均为3.8℃。

当然,世界大洋中的水温因时因地而异,比上述平均状况要复杂得多,而且很难用数学公式来描述。因此,通常借助平面图、剖面图,用绘制等温线、垂直分布曲线、时间变化曲线等方法加以描述。

5. 影响海水温度的因素有哪些?

我们知道,不同海域、不同季节的海水温度是不一样的,那么,是哪些因素影响着海水的温度呢?

地球获得的能量主要来自于太阳,每年它在大气外界从太阳吸收的总热量,基本上与同一时期内排放到宇宙中去的总热量相等,否则整个地球的温度就会发生变化。对于海洋,情况也是这样。由于整个海洋的年平均温度几乎没有什么变化,所以平均而言,整个海洋中的热量收支也是平衡的。海洋中的热量收支

汤加海底火山爆发

状况是影响海水温度的根本原因,海水吸热导致温度升高,放热就会引起温度下降。科学家发现,海水吸收的热量主要有四个方面的来源,即太阳辐射的能量、地球内部经过海底地壳传给海水的热量、海水中的放射性物质衰变时发出的热量和除太阳以外的其他天体产生的辐射能量。在这四种因素中,最主要的是太阳辐射,海水所吸收热量的99%都来自它。海面辐射、海水蒸发和由海水传导给空气热量是海水放热的主要方式。

就太阳辐射而言,它随太阳的高度、距离、照射角度、大气吸收及太阳黑子活动状况等因素发生变化,所以不同季节、不同海域的海水从太阳辐射中吸收的热量可以相差很大,海水温度自然也就各不相同了。

当然,在海洋内部海流对海水的热交换也起着十分重要的作用,对海水温度的影响也十分明显。

6. 一天中表层海水的温度是如何变化的?

表层海水的温度在一天中并不是恒定的,每天约有2℃~3℃的变化。水温在上午4点~8点为最低,而在下午2点~5点时达到最高。那么,海水的温度为什么会有这种变化呢?

这是因为海洋表层的热能会在夜间辐射到空气中,致使水温逐渐下降,直到日出;但太阳在刚刚升起时,日光的大部分被海面反射,海水的吸热量还是小于放热量,温度仍然会持续下降;随着太阳的升高,辐射能逐渐增加,海水的吸热与放热相等,此时水温最低;其后随着辐射能的增加,水温也就开始持续上升了。日照在正午前

后辐射能最大,以后便逐渐减弱,但因为此时太阳还有一定的高度,日照也较强,海水吸热依然比放热多,所以仍持续升温,直到日照逐渐减少,使海水吸热与放热相等,这时水温才达到最高值;然后又开始下降,降温过程再持续到第二天的日出以后。因此,海水的温度并不是中午时最高。随着夏季的到来,海水每天总的吸热量比放热量大,平均水温也就一天比一天高;而接近冬季时,又会一天一天地降低。这就是水温的年变化。当然,这种变化只局限于很薄的表层海水。

7. 海洋水温的水平分布有什么特点?

大洋表层水温的分布,主要决定于太阳辐射的分布和大洋环流两个因素。当然,在极地海域,结冰与融冰的影响也是十分明显的。

在世界大洋范围内,表层水温变化在零下2℃～30℃之间,年平均温度是17.4℃。不同大洋的年平均表层水温各不相同,其中太平洋最高,平均为19.1℃;印度洋次之,为17.0℃;大西洋为16.9℃。

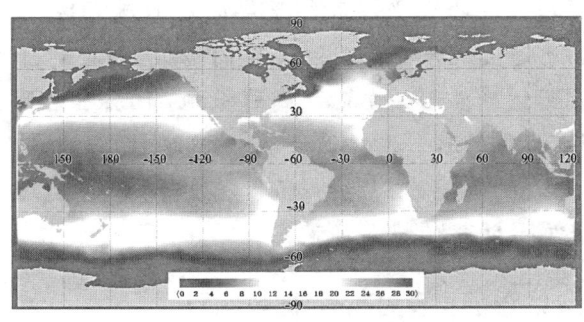

海洋的表面温度分布

那么，各大洋表层水温的差异是由什么原因引起的呢？科学家们经过多年的研究发现，各大洋的表层水温之所以不同，主要是由它们所处的地理位置、大洋形状以及大洋环流的配置不同等因素造成的。就拿太平洋来说，它的表层水温之所以高，主要因为它的热带和副热带的面积宽广，其表层温度高于25℃的面积约占66％；而大西洋的热带和副热带的面积小，表层水温高于25℃的面积仅占18％。当然，大西洋与北冰洋之间的水流比太平洋与北冰洋之间的水流更加畅通，因而更容易受北冰洋冷水的影响。

就是同一个大洋，它在南、北两个半球的表层水温也是有明显差异的。北半球的年平均水温比南半球相同纬度带内的温度高2℃左右，尤其在大西洋南、北半球50°～70°之间特别明显，相差7℃左右。造成这种差异的原因，一方面由于南赤道流的一部分跨越赤道进入北半球，另一方面是由于北半球的陆地阻碍了北冰洋冷水的流入，而南半球则与南极海域直接连通。

实际上，大洋表层水温的最高温度还是出现在赤道附近海域。在西太平洋和印度洋的近赤道海域，表层平均水温可达28℃～29℃。由赤道向两极，水温逐渐降低，到极圈附近降至0℃左右。到达极地，表层水温降到冰点，形成厚厚的冰盖。

事实上，表层水温的分布十分复杂、多变，这里所说的只是它最明显的特点罢了。

8. 海洋水温的垂直分布有什么特点？

在海洋的不同深处，温度是否相同呢？总的来说，海水的温度是随着深度的增加,呈不均匀递减的,也就是说,通常表层海水的温度较高,随着深度的增加,海水的温度会逐渐降低。

事实上,低纬度海域的暖水只限于薄薄的表层之内,下面便是温度随深度的增加而迅速减小的温度跃层。在温度跃层以下,水温随深度的增加而减小的速度明显变慢。因此,可以认为海水是以温度跃层为界,其上为水温较高的暖水区,其下是水温变化很小的冷水区。

在暖水区的表面,由于风、浪、流等因素的作用,引起强烈湍流混合,从而形成了一个温度近乎均匀的混合层。混合层的厚度在不同的海域、不同的季节是有差别的。通常,在低纬度海区,混合层的厚度不超过100米,赤道附近只有50米

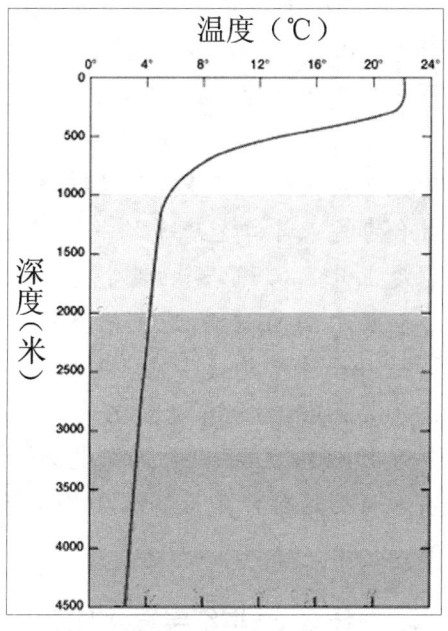

海水温度的垂直分布

~70米。到了冬季,混合层的厚度就会加大,即使是在低纬度海区也能达到150米~200米。

温度跃层受季节的影响更为明显。夏季,由于表层水温大幅升高,可以形成很强的温度跃层;冬季,由于表

层降温,海水对流,混合层向下扩展,从而导致温度跃层减弱甚至消失。

9. 海洋表面的年平均温度是在升高还是在降低?

根据现有的观测资料,从1860年到1930年的70年间,海洋表面温度比1961—1990年平均低0.3℃～0.5℃,其中最冷的是1910年前后,比正常年份约低0.5℃。而到20世纪90年代,比1961—1990年平均又升高了约0.2℃。因此,可以认为全球的海洋表面温度在近百年来已经上升了0.5℃～0.7℃。

海洋表层水温上升并不是一个孤立的现象,它是全球气候变暖的一部分。如果把陆地气温与海洋表层水温综合考虑来计算全球平均气温的话,近百年来全球平均温度上升了0.7℃～0.8℃。全球平均气温的增幅高于海洋表层水温的增幅,这表明陆地气温变暖得更为剧烈。1998年全球平均气温比1961—1990年全球平均气温升高了0.58℃,这是有观测记录以来的140年中最暖的一年。20世纪90年代也是有观测资料以来最暖的10年,有人认为这可能是近500年甚至近1000年来最暖的10年。

10. 为什么20世纪气候会变暖?

观测记录表明,20世纪全球气候变暖。可是,为什么20世纪气候会变暖呢?一般认为与人类活动的影响有关。由于砍伐森林及燃烧矿物燃料(煤、石油、天然气),大气中的二氧化碳浓度已经从19世纪中的280×10^{-6}(百万分之一体积)上升到目前的365×10^{-6}以上,同

时其他微量气体如甲烷、氧化亚氮、氯氟烃等也迅速增加。因此,温室效应加剧,使得大气对地面的热释放起了更大的保护作用,造成全球气候变暖。海洋作为全球气候系统的一部分,自然也就变暖了。

海冰融化

由于二氧化碳等气体在大气中能够留存的时间很长,一般在几十年到几百年之间,所以这些气体增加造成的气候变暖的趋势几乎是不可逆转的。正因为如此,国际上才对这个问题十分重视,制定了相关条约,目的在于限制对二氧化碳等温室气体的排放。但即使能做到这一点,气候变暖的趋势也不会立即改变。气候变暖不仅可能增加冰川的融化,使海平面上升,而且气候带也可能发生移动,使部分地区变干,病虫害也可能增加。

因此,全球气候变暖是当前科学界与社会一致关注的一个重要问题。

11. 海水和淡水的比热一样吗?

我们知道,使1克物质的温度增加1℃所需要的热量,就是该物质的比热。而使1立方厘米物质的温度增加1℃所需要的热量,则是该物质的热容量。因此,比热和热容量之间的关系是:热容量＝比热×密度。

实验表明,15℃时,纯水的比热为1卡/克℃,而海水的比热约为0.9卡/克℃,可见海水的比热要小于纯水的比热,也就是说,要让同样质量的海水和纯水升高相同的温度,海水需要吸收的热量少一些。

当然,海水的比热还受盐度和压力等因素的影响,具体来说,随着盐度和压力的增加,海水的比热略有减小。

12. 海洋为什么能调节气温?

大家都知道,海水的比热约为0.9卡/克℃,密度接近于1,而空气的比热约为0.2卡/克℃,密度为0.00129,这样就不难算出海水的热容量约为空气的3100倍。也就是说,1立方厘米海水的温度下降1℃时所放出的热量,可以使3100立方厘米的空气温度升高1℃。因此,在水温和气温的关系上,同样大小的热量从海水移向空气时气温变化很大,而从空气移向海水时水温变化则较小。可见,水温对气温的影响要比气温对水温的影响大得多。根据科学计算,单位面积上100米厚的海水温度变化0.1℃所释放的热量,可使其上层5000米厚的大气温度上升6℃。

事实上,除氨水以外,水是所有物质中热容量最大的。海水可以通过吸收大气中"剩余"的热量或把大量的热量源源不断地输给大气,来阻止气温的剧烈变化。正是由于地球表面的 71% 都为海水所覆盖,而海水的热容量又很大,所以,地球表面的温度才不会像月球那样起伏不平,才能保持相对稳定。可见,海洋对人类的生存和地球的气候状况都有着十分重要的影响。

13. 盐度对海水的物理性质有哪些影响?

海水的味道又苦又咸,不能直接饮用,这是因为海水中含有许多溶解盐类,目前已知的物质有 80 余种,其中 11 种含量较大,而其他的含量都很小。

科学家们发现,不同海域的海水所含溶解盐的多少是不一样的。为了比较这种差别,人们引进了盐度的概念。所谓盐度就是海水中含盐量的浓度,它标志着海水含盐的多少,通常用每千克海水中所含盐的克数来表示(克/千克)。海水的平均盐度为 35。

盐度是海水的重要物理性质之一,它不仅会影响海水的压力、浮力等参数,甚至声波、电磁波等在海水中的传播情况也会受其影响。

14. 世界海洋中盐度的分布有什么特征?

在很多年以前,海洋学家们就已经对海水中的物质进行了全面的研究。他们发现不同海域的盐度相差很大,但就其平均值来说,世界海洋的平均盐度约为 35。如果将范围再缩小一点来看,你就会发现世界各大洋盐度平均值也不相同,其中大西洋最高,为 34.90;印度洋次之,为 34.76;太平洋最低,为 34.62。

海洋的平均盐度是 35,这是一个什么样的概念呢?

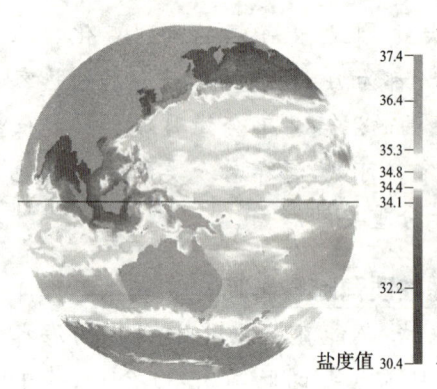

世界海洋中盐度的分布

就是每千克海水中含有35克盐。你可千万别小看这35,其实海洋中所含的盐的总量足以覆盖地球表面所有的大陆,而且厚度高达150米。可见海水的盐度虽然不高,但总量却十分惊人。

15. 海水的密度有多大?

所谓密度就是指单位体积内所含物质的质量。大家知道,淡水的密度是1克/立方厘米,那么海水的密度是多少呢?测量表明,海水的密度通常在1.01000克/立方厘米~1.03000克/立方厘米之间。海水的密度之所以要比淡水的密度大一些,主要原因是海水中含有许多溶解盐类。

科学家们还发现,在温度降低、盐度增加或压力加大的情况下,海水的密度就增加。换句话说,海水的密度随盐度、温度、压力的变化而变化。为了比较不同海水的密度,我们通常所说的海水密度都是指在15℃、一个标准大气压条件下的密度,并将这一条件下的密度称为标准密度。

古希腊科学家阿基米德早就发现,浸在液体里的物体所受到的浮力等于它所排开液体的重量。我们不妨假设一下,如果有一艘轮船从长江口进入大海会有什么情况发生呢?很明显,无论是在长江还是在大海,同一艘轮船所需要的浮力都是一样的,都等于它的重量,不同的是需要排开液体的体积不同,由于海水的密度稍大于淡水的密度,所以只要排开较少体积的海水就能获得同样的浮力,也就是说,轮船从长江进入大海时船体会略微上浮一些。

16. 为什么要精确测定海水的密度?

虽然不同海域海水的温度、盐度和压力都可以有很大的差别,但是,海水的密度随时间和空间的变化都很微小,我们甚至可以近似地认为海水的密度处处相等。

既然这样,科学家们为什么还要精确地测定海水的密度呢?事实上,只要海水的密度有微小的差异,就足以使海水产生运动,甚至形成强大的海流。因此,要研究海水的运动规律,就必须精确地测定海水的密度。正是因为海水的密度变化甚微,所以测量时必须准确到小数点后的5位数字,否则就可能无法比较两地海水密度的差别了。

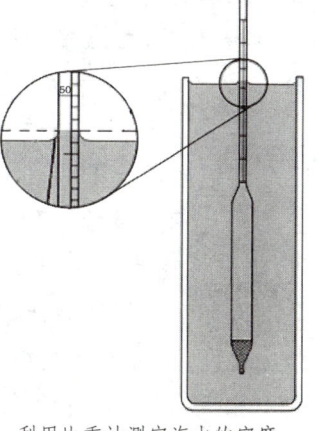

利用比重计测定海水的密度

17. 如何准确地测定海水的密度?

在密度变化较大的近岸水域,通常利用液体比重计来直接测定表面海水的密度。对表面以下的海水,能不能也用这样的方法来测量呢?

事实上,如果采用将深处的海水取出,再进行直接测定的办法,那么,由于温度和压力条件的改变,测量结果必然存在很大的误差。因此,在需要高精度确定海水密度的大洋中,密度不是通过直接测量来获得的,而是通过测量温度、盐度和深度(压力)等参数,再根据一定的公式进行计算而得到的。这种方法虽然复杂繁琐,但是准确可靠。

18. 哪里的海水密度最大?

海水的密度与海水的温度、盐度以及压力等因素有关,具体来说,在温度降低、盐度增加或压力加大的情况下,海水的密度就增加;反之,海水密度就减小。

尽管海水密度的绝对数值相差不大,但是相比之下还是有密度最大和最小之分的。那么,到底哪里的海水密度最大呢?科学家们发现,海水密度最大的地方在南极,比如格陵兰海的密度达1.028克/立方厘米以上。这是因为那里不但水温低,而且盐度高。结冰时,剩下的海水盐度更高,密度也就更大了。

相反,在赤道附近海域,由于海水温度高,而且盐度也较低,因而表层海水密度最小,约为1.023克/立方厘米。

19. 海冰也是冰吗?

当海水的温度下降到一定的程度后就会结冰。但是,海冰与我们通常所讲的冰并不完全一样,这是因为海冰在冰组织内的小空隙中藏有浓盐水,也就是说,海冰中含有某种程度的盐分。

纯水一般在0℃结冰,但海水的结冰点(开始结冰的温度)却与盐度有关,也就是说,海水的盐度不同,结冰的温度也不相同。具体来说,随着盐度的增加,结冰点会逐渐下降。通常,在0℃时海水不会结冰,温度必须进一步下降,比如到零下2℃时,海水才开始结冰。

海洋中的冰山

海水结冰一般都是从海面开始的,而且结冰的速度越快,海冰中的盐度就越大。就像淡水冰的密度小于淡水一样,海冰的密度也小于海水,海冰的密度约为0.92克/立方厘米,因此,海冰也会漂浮在海面上。根据阿基米德原理,冰在海水中沉没的深度是由它的密度决定的。对于几何形状较为规则的海冰,水上部分约为其总高度的六分之一,例如露出水面的高度为50厘米,则可以大致推出其水下沉没的深度约为250厘米。这就是为什么远洋船员们经常把海冰比作"隐形杀手"的缘故,如果不远离那个看来不大的冰山,就有可能船毁人亡。

20. 海水的冰点与盐度有关吗?

海洋中的冰有两种:一种是海水本身结成的冰,叫作海冰;另一种是来自陆地的淡水冰。由于海水中含有大量的溶解盐类，因此，海冰与淡水冰相比，无论是形成过程、冻结速度，还是其他物理性质方面都有所不同。

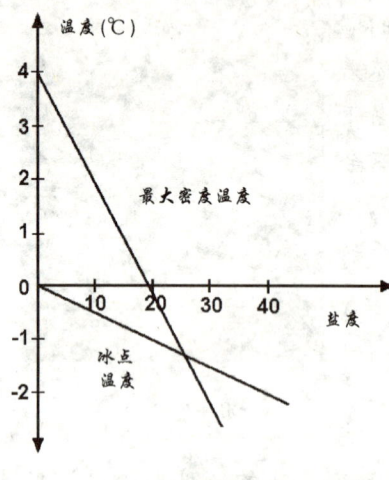

冰点温度、最大密度温度与盐度的关系

纯水在0℃时结冰，4℃时密度最大，而海水无论是冰点温度（是指海水开始结冰时的温度）还是最大密度温度，均与盐度有关。由于不同海域的盐度不同，所以海水并没有固定的冰点。当海水的盐度等于海水的平均盐度，即35时，海水的冰点是零下1.9℃。

进一步研究表明，海水的冰点温度和最大密度温度均随盐度增大而呈线性下降，但后者递减较快。当盐度等于24.69时，海水的冰点温度和最大密度温度相等，均为零下1.33℃。

21. 海水结冰与淡水结冰的过程一样吗？

我们知道，由于海水含有盐分，所以无论是结冰温度还是最大密度温度都与淡水不一样。你们也许会问，海水的结冰过程与淡水的结冰过程是不是也不一样呢？

的确，它们的结冰过程也存在很大的差异。淡水表面受冷，密度加大，水温降到4℃时，由于表面水的密度达

到最大,便开始往下沉,而下层水被迫上升,这样就产生了上、下对流作用。这种对流作用一直持续到上、下层的水温都达到4℃时为止。此后,表面温度继续下降,但表面的冷水不再往下沉,到了冰点就开始结冰。因此,淡水冰往往局限于表层。

海水结冰的情况就不一样了,可以分为两种情况。对于盐度小于24.7的海水,因为它的最大密度温度在冰点以上,所以当上、下层海水都冷却到最大密度温度以后,只要表面海水再冷却到冰点就可以结冰了。其结冰过程与淡水的基本相同,只不过冰点温度比淡水的低一点罢了。对于盐度大于24.7的海水,结冰情况就与淡水大不相同了。由于它的最大密度温度在冰点以下,所以海水温度越低,密度就越大。表面海水虽然冷却到了冰点,但表面海水的密度变大,还要下沉,仍不能结冰。只有上、下层海水都冷却到冰点以后,再继续冷却,海面才能结冰。由于大洋海水的盐度一般高于24.7,而且海洋的深度一般都很大,所以海水不容易结冰。而这种海水一旦结冰,表层冰和深层冰的形成是同时开始的,有时深层冰和底层冰甚至比表层冰还要多,也就是说,海水是从上到下一起结冰的。

22. 海水中的压力是如何计算的?

会游泳的人都知道,想从水面下潜到水中很深的地方是十分困难的。这主要是因为,潜水时人们必须解决三个方面的问题,即浮力问题、呼吸问题和压力问题。借助于铅坠和水肺,前面两个问题很容易解决,但是,随着

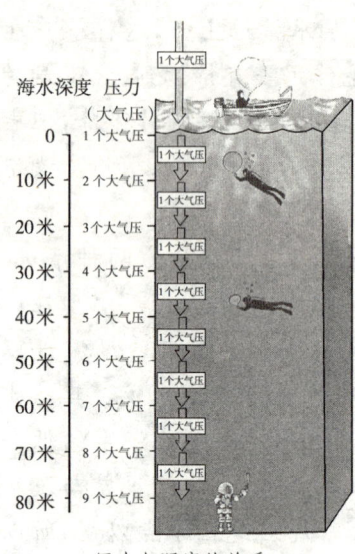

压力与深度的关系

水深的增加,水下的压力也越来越大,而人体承受压力的能力是有一定限度的,所以,人不能直接潜入很深的水中。

那么,你知道水中的压力随深度变化的关系是什么吗?其实水中压力与深度的关系十分简单,从海面往下,水深每增加10米,压力就增加1个大气压。比如,在1000米深处,压力就增加到100个大气压。在这样的压力下,海水能将木块压缩到它原来体积的一半!

23. 海底的压力有多大?

世界上最深的海沟是马里亚纳海沟,它约有11000米深。根据水深每增加10米,压力就增加1个大气压的关系,不难算出那里的压力约为1100个大气压。

美国的"的里雅斯特"号潜水器曾经下潜到马里亚纳海沟的底部,潜水器的外壳成功地经受住了1100个大气压的考验,也就是说,在人指甲盖大小的面积上承受了1000千克以上的压力。经过周密的计算,罗伯特·陶特认为:在那里,潜水器承受了15万吨的压力,这相当于两个半航空母舰的重量。而事实上,直径218厘米、壁厚87毫米的钢制潜水器,竟被海水的压力压缩了2个毫米,并导致油漆从潜水器上脱落。不难想象,陆地上的生命到了这样的海底还有生还的可能吗?可是,1960年1月23日,当皮卡尔父子乘坐"的里雅斯特"号潜水器下潜到马里亚纳海沟的底部时,却发现了类似比目鱼的鱼在游动。这种鱼长约30厘米,宽约15厘米,身体扁扁的,眼睛微微突出。

"的里雅斯特"号潜水器

24. 海水可以压缩吗?

大家都知道,空气是可以压缩的,换句话说,相同质量的空气在不同压力下的体积是不同的。那么,海水可不可以压缩呢?

研究表明,海水的压缩系数很小,约为四十万分之一左右,所以海水的密度随压力的变化不大。因此,在讨论浅海或大洋上层的海洋学问题时,常可忽略不计,简单地认为海水是不可压缩的。

但是,在深度很大的深海,由于压力很大,海水的压缩性就不能忽略了。根据美国海军海洋局的估计,如果海水绝对不可压缩的话,那么,世界海洋的水平面就会比现在增高27米了。要真是这样的话,今天的许多海滨城市就不复存在了,因为那里将是一片汪洋大海。

25. 为什么要研究海水的电导率?

海水含有盐分,具有良好的导电性。海水的导电性能可以用普通物理学中的电导率来表示。海水的电导率是表明海水导电能力强弱的物理量。海水的电导率定义为长1米、截面积1平方米的海水的电导。电导率越大,导电能力越强。海水的电导率与海水中的离子种类、浓度以及海水的温度和压力等因素有关。

海水的电导率随温度的变化而变化的现象十分明显,温度每升高1℃,电导率就增加2%左右。而压力对海水电导率的影响就不如温度那么明显了,但是对深层海水来说,由于压力十分巨大,压力的影响仍然不可忽视。

海洋中海水的电导率的分布和变化,是影响海水电性质和海洋电场的重要因素。它对电磁波在海洋中传输时的衰减特性和相位特性都有重大的影响,从而直接影响着海洋中的通讯和导航效果。

由于海水的电导率与海水中的离子、分子的微观组成及结构等因素有关,因此,通过测量海水的电导率,还可以研究海水中的离子、分子间的平衡过程,并探讨海水的微观结构呢。

26. 为什么人们不能生活在海洋中?

随着陆地上环境的恶化和资源的匮乏,把海洋当作我们新的家园日益成为人类的梦想。是啊,要是我们人类也能像鱼儿一样自由自在地生活在海洋中,那该有多么好啊!那么,人类到底能不能生活在海洋中呢?人类要在海洋中生活还有哪些困难呢?

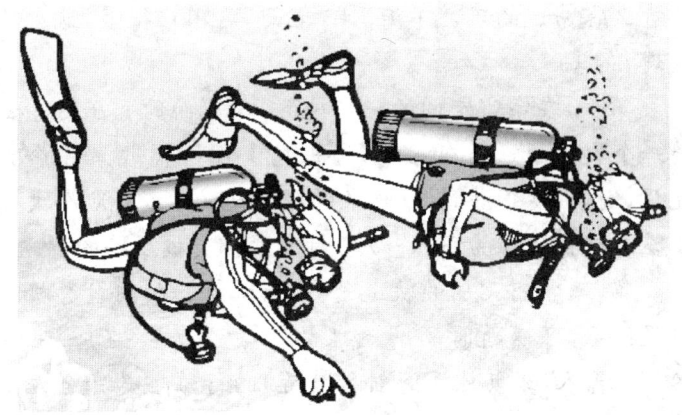

的确,我们人类要像鱼儿一样自由自在地生活在水中还有不少难关。第一个难关就是人在水中不能呼吸。为了突破这一难关,我们必须研究人工鳃之类的东西。现在广泛使用的"水肺"还不能用于深潜,因此必须寻找更为有效的方法。第二个难关是海洋中的压力。在海洋中,海水深度每增加10米就增加1个大气压。事实上,在深达40米的海水中,受过专门训练的潜水员也会出现麻醉状态,到达60米时作业就发生困难,即出现"氮醉",更何况我们普通人呢?第三个难关是深海中光线缺乏,视野狭窄。由于海面的反射和海水的吸收、散射,阳光很难到达深海,观测结果表明水深100米的地方就已经是漆黑的世界了。

27. 开发海洋的主要困难在哪里?

在生活中,当人们碰到实在难以解决的困难时,经常把它比作"难于上青天"。其实,在科学技术高度发达的今天,"上青天"已不再是什么难题了;相反,"下深海"却不那么容易。的确,"下海"比"上天"要困难得多,这主要表现在:

第一,在宇宙空间的任何地方,与地面的气压之差都是一个大气压。而在海洋中,每下潜10米就增加1个大气压,例如,要下潜到3000米的深海就必承受300个大气压。在这样的压力下,许多密封容器都会被压扁的。

第二,宇宙飞船的轨道是可以计算的,利用计算机等现代设备,可以随时了解飞船的位置。但是,在海洋中,水下机器人(或其他深海航行装置)的行踪却是完全无法计算的,它究竟在哪里以及如何找到它,都是十分困难的问题。

第三,在宇宙空间,电磁波可以畅通无阻,无论通信或定位都可以利用电磁波来实现。而在海洋里,电磁波会急剧衰减,几乎不能传播。虽然声波可以用于水下通信,但它的传播距离和速度远远不能和空中的电磁波相比。

第四,在宇宙空间,光线传播毫无阻碍,宇航员可以通过观测周围环境来确定自己的位置,或确认周围的目标。而在海洋里,光线传播不过数十米的范围,很难利用人类的视觉进行定位或目标识别。

第五,宇宙飞船在发射时,为得到推力需要巨大的设备和能量,但是一旦进入轨道,就几乎不再需要推力,仅在控制姿态或修正轨道时需要一点推力。换句话说,宇宙飞船需要的燃料较少。相反,在海洋中潜行却需要自始至终的推力。因此,在数千米深的海洋中,能量供应也是一大难题。

海洋物理

威力无比的海洋声学

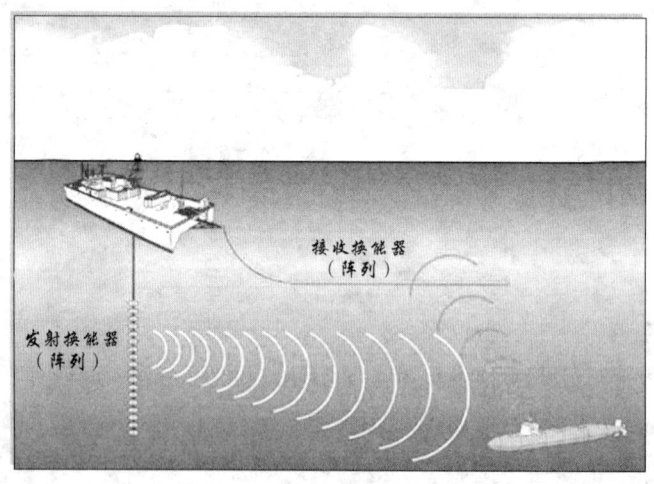

28. 什么是声？

我们每一个人对声音都很熟悉。日常生活中人与人的交谈，我们称之为"说话"或"讲话"，就是通过声波来传递信息的。声或声音，一般指人耳能够感觉到的空气振动，严格地讲，声并不限于人耳能够感觉到的那一部分。事实上，有许多声波是不能引起人耳的听觉反应的，例如超声波和次声波。

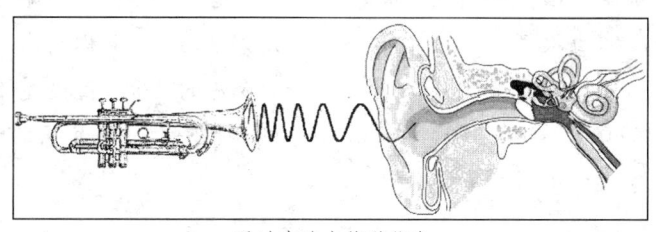

通过声波来传递信息

经过几个世纪的探索，人们终于弄清楚人耳能感觉到的是空气压强的变化，这种变化起因于物体的振动，并在空气中形成机械波。和其他的波一样，声波也具有反射、折射和衍射特性。事实上，不仅在空气里，在其他气体、液体以及任何弹性体里，都可以产生并传播这种机械波。例如，潜水员在水中也能听到彼此的声音，把耳朵贴在铁轨上就能听到远处的火车声等。

29. 有没有听不见的声波？

事实上，声或声波是由振动引起的并在介质中传播的机械波。虽然有些声波能引起人耳的听觉反应，但是大多数声波是人耳察觉不出来的。有些声波虽然确实存在，但因其声压过于微弱，或频率太低（或太高），耳朵都察觉不出来。实际上,人耳能感觉的只是客观存在的声的一部分,通常这部分声被称为可听声或声音。频率过低或过高,以致人耳听不出来的声,在声学中分别称为次声波和超声波。这就类似于眼睛所能看见的光(即可见光)只是光中的一部分一样。

实测统计表明,人耳一般只能听到频率在 20 赫兹～20000 赫兹范围内的声波,而且随着年龄的增长,可听声的频率范围还要进一步减小。通常把频率低于 20 赫兹的声称为次声波,把频率高于 20000 赫兹的声称为超声波。虽然次声和超声都是人耳听不见的声波,但是它们的本领却不小。例如,探测海洋的声呐和检查疾病的 B 超都是利用了超声波。

30. 描述声的物理参数有哪些?

在物理学上,人们通常使用声压、频率和相位来描述声;在音乐中,人们则喜欢用响度、音调和音色来描述它。

声压的大小反映了振动的强弱,同时也决定了声音的大小,单位是"帕"。由于人耳能听到的声音的声压范围极其宽广,从能听到的最小声压到刚刚感觉耳痛的最低声压之间相差 100 万倍。在这样宽广的范围内,用声压的绝对大小来衡量声音的强弱很不方便,因此物理学家们习惯用声压级来表示声音的大小。实际上,声压级是用相对的办法来表示声音强弱的,它的单位是"分贝"。人耳能听到的声音范围在 0 分贝～140 分贝之间。

频率反映了振动的快慢,单位是"赫兹"。如果声音在 1 秒内振动 100 次,它的频率就是 100 赫兹,振动 1000

次,它的频率就是 1000 赫兹。不同频率的声音让人感觉到音调的差异,简单地说,声音的频率越高,音调也就越高。人耳能听到的频率范围在 20 赫兹～20000 赫兹之间。

由于相位和音色的情况比较复杂,这里就不给大家介绍了。

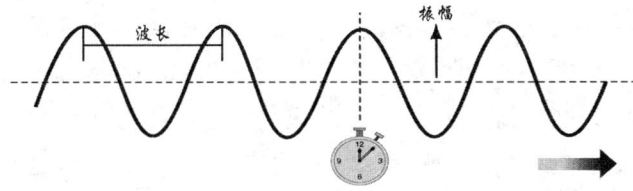

描述声波的物理参数

31. 什么是海洋声学?

海洋声学是研究声波在海洋中的传播特点和规律,并利用声波探测海洋的科学。它是海洋学和声学的交叉学科。

海洋声学的基本内容包括三方面:①声在海洋中的传播规律和海洋条件对声传播的影响。主要包括不同水文条件和底质条件下的声波传播规律,海底对声波传播的影响,海水对声的吸收,声波的起伏、散射和海洋噪声等问题。②利用声波探测海洋。利用声波不仅能测出大海的深度,甚至还能发现蕴藏在海底的石油。③海洋声学技术和仪器。各种不同类型的声呐设备正是海洋声学技术中的佼佼者。

海洋声学的研究不仅解开了许多海洋之谜,也为人类开发海洋、利用海洋提供了许多有效的途径。

32. 海水中的声速是多少?

茫茫的海洋,一眼看不见底,望不到边,曾经引起人们无数的遐想。大海里面是不是也有声音?声音在水中能不能传播,传播的速度又是多少呢?

很早以前,渔民就会将耳朵贴在船底,通过听水下的动静来判断是否有鱼群。可见,水下并不是一个寂静的世界,许多鱼类和其他海洋动物都能发出各种不同的声响。声波不仅能在空气中传播,也能在其他的固体或液体介质中传播。大家可能知道,声波在空气中传播的速度大约是 330 米/秒,那么,声波在海水中传播的速度是多少呢?与空气中相比是快还是慢呢?

听测管

通过测量,科学家们发现声波在海水中的传播速度是 1480 米/秒,这比它在空气中的传播速度快得多,大约是在空气中传播速度的 4.5 倍。不妨来想象一下,在你眨一眨眼睛的时间里,声波在海水中已跑了 1480 米,这个速度可真够快的。

当然,海水中的声速还与海水的温度、盐度和压力等因素有关,这些因素中的任何一种因素的提高都会使声速加快,其中温度的变化对声速的影响最大。

33. 大洋中声速的变化范围有多大?

声音在海水中的传播速度通常与海水的温度、盐度和压力等因素有关,其中任何一个参数的改变都会导致声速的变化。那么,大洋中声速的变化范围到底有多大呢?

在不考虑近海的情况下,大洋中盐度的变化不大,通常在2以内,相应的声速变化在3米/秒左右。在海洋中深度每增加10米,压力就增加1个大气压,从海面到3000米的深海,压力引起的声速变化大约为50米/秒。通常海水的温度与太阳辐射、海水蒸发、海水和大气的热交换、风浪的搅拌、水层的对流和翻转等因素有关。在大洋范围内,温度最大变化范围是由波斯湾的36℃到北冰洋的零下2℃。在一般海区,温度的变化范围在25℃以内,相应的声速变化是80米/秒。由此可见,在大洋中,盐度对声速的影响并不大,海水中的声速主要取决于海水的温度和压力,其中温度的影响最为明显。

海洋中平均声速约为1480米/秒,上面所说的这些声速变化一般不超过平均声速的十分之一,但是海洋中的许多奇怪现象却与这种不大的变化密切相关。

34. 海洋中声速的垂直分布有何特点?

我们知道,海洋中的声速与温度、盐度和压力等因素有关;我们还知道,随着水深的增加,海水的温度、盐度和压力都会改变。那么,在海洋的不同深度声速是怎样变化的呢?或者说,海洋中声速的垂直分布有什么特点呢?

在海洋中,由于垂直方向上的盐度变化不大,对声速的影响较小,通常可以不考虑,因此声速的垂直分布主要取决于压力和温度的变化,其中温度的影响最为明显。

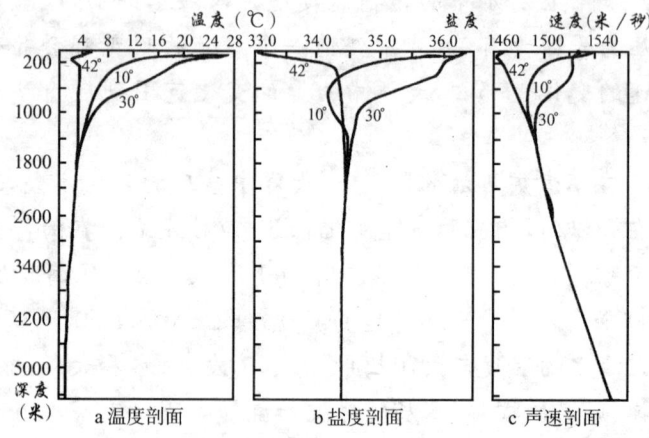

a 温度剖面　　b 盐度剖面　　c 声速剖面

于是人们根据温度垂直分布的特点将海水分为表面层、季节跃层、固定跃层和深海等温层等四层。根据海水温度垂直分布的这一特点,我们也可以分四层来讨论声速的变化规律。

海水中最上面的一层称为表面层,也叫混合层。由于风、浪的搅拌,海水表层的温度通常是均匀的,但是压力随深度增加而增加,所以声速随深度增加也略有增加。表面层之下是季节跃层,随季节的不同,温度会有明显的变化,因而声速的垂直分布会有很大的变化。第三层是固定跃层,特征是随深度增加,温度很快降低,通常温度变化率在 $0.2℃/米$,这时温度对声速的影响明显大于压力对声速的影响,所以声速随深度增加而减小。最下面是深海等温层,这层中的温度随深度的变化很小,压力随深度增加而增加,因而声速也随深度增加而增加。

当然,这里所讲的只是一般情况下的声速垂直分布特征。其实在不同的纬度、季节、气象条件下,声速的垂直分布会有很大的不同,实际情况还要复杂得多呢。

35. 是谁第一个测出了水中的声速?

人们常用"迅雷不及掩耳"来形容雷声传播速度之快,然而,空气中的声速比起水中的声速来,真是"小巫见大巫"了,因为声波在水中的传播速度要比空气中快得多。那么,是谁第一个测出了水中的声速呢?

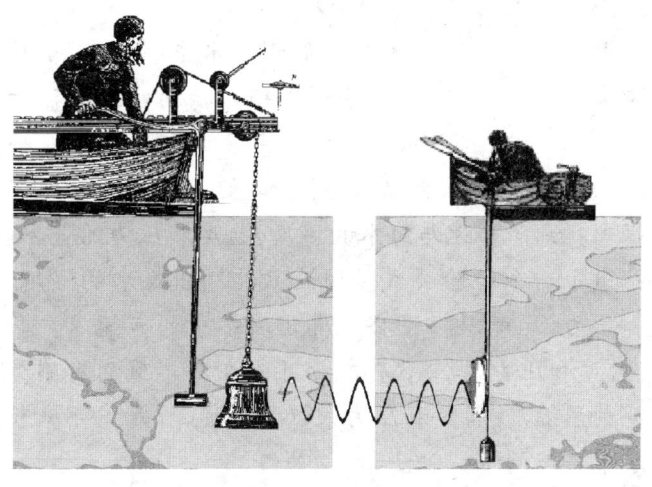

在日内瓦湖测量水中声速的情形

1826年9月,年仅24岁的瑞士物理学家科拉顿在日内瓦湖第一次测量了水中声波的传播速度。科拉顿和他的助手分别坐在声波接收船和发射船上,两船相距13847米。在发射船上他们用链条把一口钟吊放在水中。他的助手在用锤子敲击水下钟的同时,使船上的炸药引爆发光。坐在接收船上的科拉顿,一手握着一个他自己设计的喇叭形水下声波接收器,一手拿着秒表,测量从看见火光的时刻开始,到听见从水下传来的钟声时为止的时间。实验结束后,科拉顿在法国数学家斯特姆的帮助下,撰写并发表了一篇论文,宣布了实验结果:水中声速是1435米/秒。此值与现代测量值1480米/秒十分接近。从那时起,人类才真正知道声音不仅可以在水下传播,而且传播速度比在空气中要快得多。

36. 怎样测量海水中的声速?

科拉顿设计的方法虽然能测出水中的声速,但是在波涛滚滚的大海中,让两条调查船保持固定的距离十分困难,因此实际应用中这一方法并不可行。从科拉顿第一次测出水中的声速以来,科学家们已经从大量的实验数据中找到了声速与海水的温度、盐度和压力的关系,并总结出了一个经验公式。因此只要测出海水的温度、盐度和压力,就可以根据公式算出海水中的声速了。而温度、盐度和压力这三个基本量可以在海洋观测中测量出来。利用温度、盐度和压力来计算声速,曾是多年来获得海水中声速的唯一方法。

经过多年的不断努力,在20世纪70年代初,科学家们终于找到了直接测量海水中声速的方法,并根据这一方法设计制造了声速测量器。很快声速测量器就成为人们迅速、准确测量水下声速的重要工具。

海洋物理

37. 声音在海洋中是怎样衰减的?

生活中我们都有这种体会,要是两个人相距不远,就可以小声交谈;距离一远,就要大声叫喊了;超过一定的距离后,即使再大声吆喝,也是听不见的。和在空气中的情况一样,海洋里的声音也会随着传播距离的增加而变得越来越小,并且最终消失得无影无踪。这种现象通常被称为声音的衰减。那么,声音为什么会衰减呢?

科学家们发现导致声音衰减的原因有两个,一个是扩散,一个是吸收。所谓扩散是指随着距离的增加,声音覆盖的范围越来越大,由于能量越来越分散,所以强度越来越小,就像离开电灯泡越远的地方越不亮一样。事实上,声音无论是在气体、固体,还是在液体中传播时总有一部分能量转化为热能,因此,随着传播距离的增加声能也不断减小,这就是通常所说的吸收了。

实验表明,声波在海水中的吸收比在淡水中要大得多,而且频率越高,吸收就越大。这主要是因为海水中含有丰富的盐类,特别是硫酸镁。当声波通过海水时,一部分声能转化为硫酸镁分子的化学能,最后又变成了热能。除此以外,海底沉积物对声波也有吸收作用,并且要比海水的吸收作用大几百倍。进一步研究还发现,海底沉积物对声波的吸收还与声波频率有关,频率越高,吸收越大。所以,在海底,只有频率很低的声波才能穿透很大的深度,或传播很远的距离。

38. 在海洋中声音究竟能传多远?

海水传播声音的能力是非常强的。1960年,哥伦比亚大学"维玛"号调查船利用水下爆炸进行实验,结果在距离爆炸地点12000海里(1海里＝1.842千米)的地方还记录到这次爆炸产生的声信号。试想一下,假如让你用嗓子喊或者使用大功率的喇叭,即使拼足了全身的力气,也不可能使地球对面相应点的人听到你的声音。但是,在澳大利亚沿岸附近的水下声道上曾爆炸了一颗深水炸弹,大约经过了144分钟后,声波传到了百慕大群岛,也就是说达到了地球上几乎相对应的地点。怎么样,这回你可知道海水传播声音的本领了吧!

声测船

实验证明,声音在海水中的传播距离主要取决于声音的衰减程度,也就是说,取决于声音的扩散和吸收。要是我们让声音在一根管子中传播,声音还会扩散吗?的确,如果将声音集中在管子中传播,声音就不会扩散了,它的衰减程度就只与吸收有关,所以能传播很远的距离。这与利用光纤传播光信号的情况十分相似。其实,在海洋中的确存在着海洋声道,它与上面提到的管子的作用一样,声波沿海洋声道传播时是不会扩散的,所以能够传播到非常远的地方。

39. 你知道什么是海洋声道吗?

到过北京天坛公园的人都会注意到回音壁的奇异现

象。回音壁是圆周形的墙壁,在墙壁边上小声说话,对面距离很远的地方,只要靠近墙壁,就能清晰地听到说话的声音。这种声音沿墙壁传输,声能集中在距墙壁不远的同心圆环之内传播的现象,就是人们通常所讲的"声道"效应了。

声波在海水中传播时也有类似的现象。我们知道,在固定跃层中声速随深度的增加迅速减小,当降到某个限度时,就会进入深海等温层,在深海等温层中由于压力增加声速反而会加快。也就是说,在固定跃层与深海等温层交界的地方声速达到了最小值,从这一交界处无论向上还是向下声速都会增加。另外,由于声波在传播中,总是具有向声速比较低的水层弯曲的特性,所以,在这两层中激发的声波不能越出这条声带,而是曲折地沿声道的轴线(两层的分界线,位于声速最小值处)向前传播,这时声波被固定在一定范围内,就像被一根"管子"套住了一样,这根"管子"就是海洋声道。由于没有扩散,所以声波在声道中可以传播到数千海里之外。

40. 什么是浅水声道?

冬天,在较高纬度的海域,由于表面水温较低,再加上压力随深度增加而增加,所以声速由海面向下越来越大。在热带海区,由于风浪的搅拌作用,在海面下50米~100米深度之内的表层区域中温度是均匀的,声速仅受压力影响,因此声速也随深度的增加而增加。你们可能已经注意到了,这两种情况有一个共同的特征,那就是海洋表面层的声速最低,从表面往下声速逐渐增加。声波在海洋中传播时还有一个重要的特点,那就是传播路径会向声速较低的方向弯曲。因此,除非声波以垂直的角度向下传播,否则必然向上弯曲。向上弯曲的声波到达海面时,除极少一部分经折射进入空气中外,绝大部分又会向下反射,然后再向上弯曲。如此周而复始,声波的传播范围将限于海洋的表层部分。

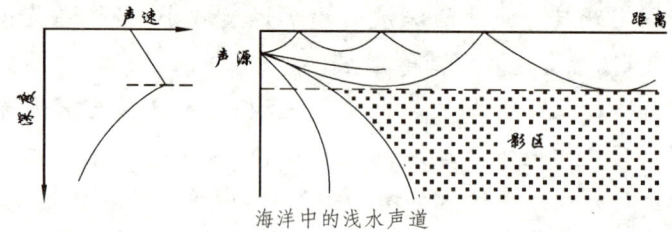

海洋中的浅水声道

由于海面是个很好的声反射体,换句话说,声波很难从水下进入到空气中,因此,虽然经过多次反射,声能损失仍然很小。这样一来,声能被聚集在一个不很厚的水层中传播,就像是被限定在管子中一样,能量不会扩散,因而传播距离很远。这个有利于声波传播的表层部分通常被称为浅水声道。浅水声道虽然有利于声波的远距离传播,但是,由于声波不能传播到声道以外,所以位于声道之中的声呐就无法探测到声道之外的目标了。

41. 什么是深水声道?

在第二次世界大战期间,美国和苏联的科学家分别发现,声波在大洋深处可以传得很远。经过反复研究后发现,这是因为大自然在大洋深处造成了一种对声波传播很有利的水下声道——深水声道。

在大洋中,接近于温跃层底部的区域是一个独特的

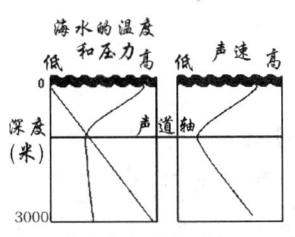

海洋中声速与温度、压力和深度的关系

区域。在该区域的上面,越接近海面温度越高,声速也增大;在该区域的下面,是深海等温层,随着深度增加压力增加,声速也增大。换句话说,从这个区域开始无论是往上还是往下声速都是增加的,只有该区域的声速最小。这个声速最小的地方通常被称为声道轴。

由于声波具有向声速较低的方向偏转的特性,因此,如果在声道轴附近有一个声源,无论它是从声道轴向上发射声波,还是从声道轴向下发射声波,它们的传播方向都会发生变化,即向上发射的声波向下弯曲,而向下发射的声波向上弯曲,都回到声道轴上来。这样一来,声能被限制在声道轴上下一定深度的范围内传播,永远不会接触海面或海底。

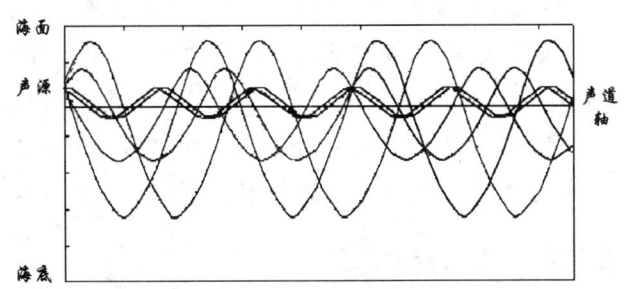

海洋中的深水声道

深水声道的作用犹如一根管子,它将声音的能量集中在一起,扩散很小,所以声波可以传送到很远的地方。

42. 在海洋中声波是沿直线传播的吗?

由于声波在传播过程中具有向声速较低的方向弯曲的特性,因此,声波是不是沿直线传播完全取决于传输介质是否均匀。在均匀介质中,由于各处的声速都是一样的,所以声波的传播方向不会改变,也就是说,声波是沿直线传播的。相反,在非均匀介质中,由于声速的大小不一,所以传播方向会向声速较低的方向弯曲。

那么,对声波而言,海水到底是均匀介质还是非均匀介质呢?

我们知道,声波在海水中的传播速度与海水的温度、盐度和压力有关,而海水的温度、盐度和压力又随着空间和时间的变化而变化。通常,在几十千米或几百千米的范围内,同一深度的海水温度、盐度和压力没有什么变化,因此可以近似地认为声速在水平方向没有多少变化,但是,随着深度的不同声速则有明显的变化。因此,如果声波垂直地穿过不同声速的水层,声波的传播方向不会改变;要是声波的传播方向和水层不完全垂直,它的传播路径就会弯曲。这种由于水中声速的变化,导致声波的传播方向发生变化的现象就是折射。

43. 声波在海洋中怎样传播?

我们已经知道,海洋中温度、压力和盐度对声速的影响很大。我们不妨假设在整个海洋的深度和宽度范围内海水的温度、压力和盐度为常量,那么在海洋中的声速就是处处相等,声波将沿着直线传播。但是,实际情况并非如此,在海水介质的某些层中存在着声速的增加或减少,所以,声波在传播中必然会弯曲。

因此,要弄清声波的传播规律就必须弄清声速的变化规律。海洋中最上面的50米～100米就是人们所知道的混合层或叫作等温层。在这一层中,由于风、浪的作用,海水充分混合,温度近于常数,但在某些时间和某些地区,混合层也可能不存在。混合层下面是温度跃变层又叫温跃层。在大西洋,温跃层向下延伸直到1200米;在东北太平洋,温跃层向下延伸到600米。在温跃层中,温度下降很快,温度对声速的影响远大于由于压力增加而引起的声速变化,因而声速一直下降,直到声速达到一个最小值为止。在温跃层以下,温度不再变化,但由于压力仍继续增加,所以,声速也继续增加。

44. 有没有声波无法到达的死角?

在不同的海洋水层中,由于声速的变化将引起声波传播路径的弯曲,这一点对水声通信、水下勘探和潜艇探测都有重要的影响。下面,我们将通过一个典型的例子来加以说明。

假设有一个下潜不深的潜艇为了探测正前方是否有敌方潜艇,它会沿水平方向以一定的角度发射声波。那么,它能否接收到目标的反射信号呢?

在混合层中温度十分均匀,由于海水压力的增加声速迅速增加,因而接近海面处的声速最小,所以一部分声能在达到温跃层之前就向海面弯曲,然后又经海面反射向下传播,并再一次向海面弯曲。只要保持足够的能量,这一过程会一直重复下去。未能弯曲到海面的那一部分声波就进入温跃层。在温跃层中,由于温度下降导致了声速减小,也就是越往海洋深处声速越小,所以,这部分声波会迅速向下弯曲。

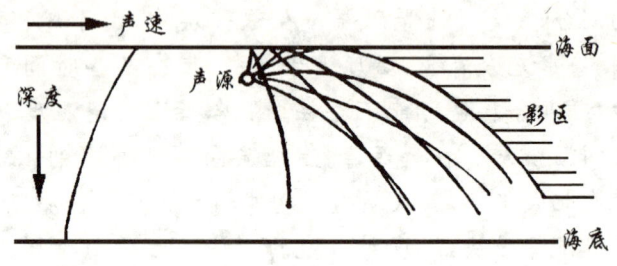

声影区

由此可见,声波不可能沿混合层与温跃层交界的地方向前传播。水平辐射的声波将在这里分裂成两束,其中一束弯向海面,并沿浅海声道向前传播,而另一束则弯向海底,并迅速衰减掉。声能分裂开之后的区域,就是声波无法到达的区域,这一区域通常被形象地称为"影区"。显然,躲藏在影区内,潜艇就可避开敌方潜艇或水面舰艇的搜索了。

45. 海底的声学特性有哪些?

人们已经发现海底对声波在海洋中的传播,特别是对声波在浅海中的传播影响很大。因此,要研究海洋中的声传播规律,就必须研究海底的声学特性。

实验证明,声波在海底沉积物中的传播速度与沉积物的构成有关。简单地说,在稀薄沉积物中的声速,接近或低于海水中的声速;而在较密实的沉积物中的声速,大于海水中的声速。

海底沉积物中的声衰减,主要由沉积物的黏滞性和摩擦产生,与沉积物的粒径和孔隙率也有关系。在海底沉积物中,细砂、砂质粉砂和粉砂质砂对声波的衰减作用最大。

海底的声反射和散射主要和沉积物的分层结构有关,也与海底表面的粗糙程度有关。倘若海底表层中的声速低于它上面海水中的声速,这种海底就被称为低声速海底;反之,则称为高声速海底。一般说来,前者的反射本领低于后者。

科学家们正是根据海底的这种声学特性,对海底的沉积物进行了声遥测分类。例如,浅地层剖面仪就是利用沉积物各层的声学特性不同而引起的声波反射各异的特点,来测定海底地层的分层结构的。声遥测方法在现代海洋工程,如海港和海上钻井采油等工程的地质勘探中,发挥了重要的作用。

46. 海洋里有哪些噪声?

和陆地一样,海洋也是一个喧闹的世界,那里也有各种各样的声音。尽管有些声音十分动听,但是,这些声音往往会严重地干扰声呐的正常工作,使声呐难辨真假,很难区分接收到的信号到底是水中目标的回波还是噪声。

在海洋中检测声信号时,总是伴随有其他声音存在,目标以外的声音通常被称为背景噪声。背景噪声可分为自噪声和环境噪声两大类。所谓自噪声就是由声呐系统自身引起的噪声,通常由三部分组成,即声呐接收机中的电路噪声,船体内部产生(如发动机等)并通过船壳辐射到水中的噪声和船与水的相互作用而产生的流体动力噪声。环境噪声包括所有能接收到的其他声源所产生的声音,如风吹动海面、下雨、海浪、气泡破裂等原因产生的噪声。此外,还有其他船只产生的航行噪声、海港与近岸活动产生的工业噪声。环境噪声中还有一个重要的成分就是生物噪声,例如,叫虾和打鼓鱼等许多海洋动物都会发出各种各样的声音。

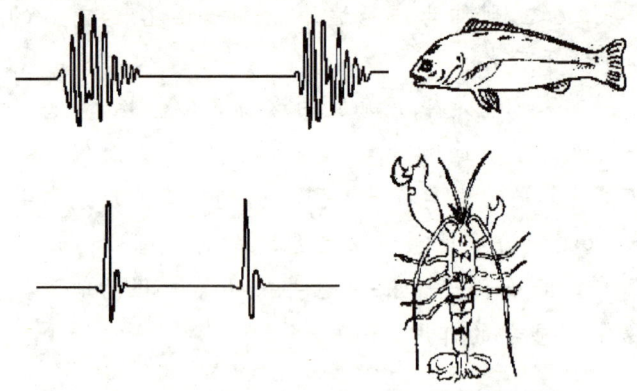

海洋动物的叫声

为了减小自噪声,人们进行了长期不懈的努力,已能达到令人满意的效果。对于抑制环境噪声,最有效的方法就是采用信号处理技术,利用数字信号处理技术,可以从背景噪声中提取所需要的有用信号。

47. 为什么要用声波而不用电磁波进行水下观测?

大家知道,无论在地面还是在空中,人们都是利用电磁波进行测量和通信的。可是在海洋中,电磁波就有"龙游浅水遭虾戏,虎落平川被犬欺"的感觉了。

这是因为海水对电磁波的吸收能力很强,电磁波在海洋中的传播距离十分有限。为什么会有这种现象呢?

其实道理十分简单:因为海水是电的良导体,电磁波在水下传播过程中将很快以热的形式耗散掉,所以电磁波在水中衰减极快,传播距离十分有限。而声波的情况就不一样了。在声频范围内,海水对于声波和电磁波的吸收量值相差几百倍甚至上千倍。比如,使用发射功率达到兆瓦、频率为几千赫兹的大型电台,也只能同水下几十米深处的潜艇通讯联系;一二千克重的炸药在海洋中某一深度爆炸后,远隔1万多千米以外还可能接收到爆炸声呢!利用声波传递消息的声呐,真不愧为是水中的"千里眼"和"顺风耳"!

48. 你知道什么是声呐吗?

和雷达一样,声呐这个词也是英文缩写字的音译,它的英文原意是"声波导航和测距装置"。不过,现在声呐的含义已经大大超出了水声导航和定位的范围了。一般

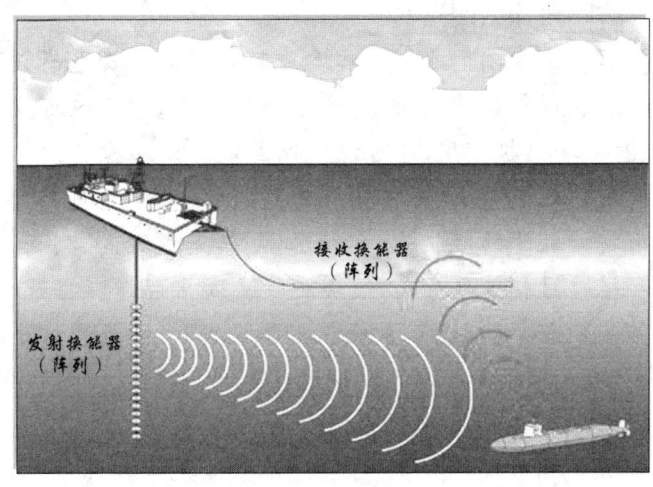

声呐的工作原理

认为,声呐就是利用声波在水下的传播特性,通过电声转换和信号处理,完成水下目标探测,进行水下通讯或遥测、遥控的设备。

可以肯定地告诉大家,时至今日,利用水下声波的最常用设备就是声呐。它是利用辐射器来产生特定的声波,然后再用水听器或水下微音器接收从目标反射回来的声波,并通过比较接收信号与发射信号之间的差别来获得目标参数的。

声呐有主动式和被动式之分,它们之间的主要区别在于声呐是否辐射声信号。主动式声呐是利用辐射器在水中发射声脉冲,然后接收被目标反射回来的声波,进而计算目标的方位和距离等参数;而被动式声呐自己并不产生声辐射,仅仅通过侦听目标的声辐射来确定目标的距离和方位。

49. 声呐有什么用途?

声呐到底有什么用途呢?这可能是大家普遍感兴趣的问题。说起声呐的用途,可是十分广泛,它不仅可供舰船、潜艇和飞机使用,也可以当作固定的无人操作的敏感器使用。在军事上,声呐被视为舰艇的"水下耳目",可以用来搜索敌方的舰艇、鱼雷和水雷等,完成测向、测距、识别和跟踪目标等任务,以便实施攻击或者躲避。据统计,在第二次世界大战中,被击沉的潜艇里有60%左右是利用声呐一类的水声设备发现的。此外,声呐还可以用于水下通讯,如"水下电报"和"水下电话"等。

在民用方面,声呐更可以说是前途无量。你看:如果把它装在船只上,便可以迅速知道船底离海底的距离是多少,什么地方有暗礁;把它装在渔船上,就可以"看"到哪里有鱼群,什么地方该撒网;如果让潜水员带上它,他们相互之间,或者同船上、岸上进行通讯联系就方便多了。

舰艇正在利用声呐探测水雷

此外,声呐还在寻找海底沉船、研究海底地质结构、勘探海底石油、测量波浪高度等方面发挥着重要的作用。总之,声呐作为一种有效的工具,已被广泛应用于多种水下观测活动。

50. 声呐是怎么发明的?

1912年4月14日,英国豪华巨型客轮"泰坦尼克"号首航,目的地是美国纽约。当该船行至纽芬兰岛以南400千米海面时与冰山相撞,4小时后沉没,2200多人只有713名乘客获救,1513人遇难。这是20世纪最重大的一起海难事故。怎样才能避免类似事故的发生呢?事件发生后,许多科学家都在思索这个问题。

海难发生5天之后，有个叫理查森的英国人提出了用空气声进行回声定位的建议。一个月后，他又大胆地提出了相仿的水声回声定位方案。其实，这就是世界上第一个主动声呐方案。1913年，美国科学家费森登研制出一种新的电动式换能器，它既能在水中定向发射声波，又能接收声波。用这种电动式换能器在船上发出声波，然后接收被障碍物反射回来的声波信号，测量发出信号和接收信号之间的时间，再根据水中的声速就可算出障碍物的距离或海水的深浅了。经过科学家们的反复实验，1914年，第一台回声探测仪终于诞生，当时它就能探测到2海里以外的冰山了。

"泰坦尼克"号豪华客轮与美国科学家费森登

51. 促使声呐技术迅速发展的原因是什么？

历史反复证明："需要"才是创造发明之母。促使声呐技术迅速发展的，正是水下反潜战的迫切需要。第一次和第二次世界大战的爆发，开创了声呐发展的新纪元。1916年，采用法国物理学家郎之万和俄国科学家希洛夫斯基研制的世界上第一台声呐,在水中可以收到2千米以外的信号,并收到海底回波和200米外铁板反射的声波。到了1918年,在地中海边土伦附近的海中使用这种声呐,第一次收到2千米～3千米以外的潜艇回波。

随着电子技术的发展,特别是对声波在海水中传播规律的深入研究,一系列新型的主动和被动声呐纷纷问世,在战争中发挥了巨大的作用。"二战"以后,随着核动力潜艇的出现与电子技术的飞速发展,声呐技术的发展更是突飞猛进。尤其是采用了计算机处理目标信号、检查故障等,更使得声呐的性能、效率和可靠性都得到了空前提高。

郎之万和他发明的换能器

不仅如此,一些国家还大力研制设置于海岸边或海底的固定式声呐系统,以及反潜飞机携带的机载声呐,并利用通讯卫星和大型电子计算机搜集、传送及处理各种探测到的数据,从而形成了海面、海底和空中"三位一体"的立体探潜系统。

52. 什么是奇妙的"下午效应"?

20世纪20年代初,人们发现,船用主动声呐都有一种神秘的不可靠性:早晨往往工作得很正常,可以接收到良好的目标回波,可是一到了下午,回波就变得很微弱,甚至根本接收不到目标回波。这是什么原因呢？令人百思不得其解。有人把这种莫明其妙的现象称为"下午效应"。

后来人们才发现,每到下午,声呐所发射的波束就会向下弯曲——溜到海底去了,所以,声呐就接收不到任何回波了。可是,波束为什么到下午才会弯曲呢？

大家都知道光的反射与折射现象和规律,实际上,折射和反射是一切波都具有的传播规律,声波也不例外。现在可以揭开"下午效应"之谜了。原来在浅海,每当夏天的早晨或上午,海水的表层温度与下层温度相差不大,以致不同深度的声速几乎相等,所以,声呐发射出来的声波就直线前进而不发生弯曲,容易探测到目标。到了下午,特别是风浪很小的下午,情形就不同了。由于太阳长时间照射,海洋表层的水温明显升高,下层水温的变化却不大,于是形成了水温从上到下逐渐降低的情况。

我们知道,在海洋中温度的分布会明显地影响声速的分布,在水温从上到下逐渐降低的情况下,声速也会随着深度的增加而减小。由于波束具有在行进过程中总是向着声速较低的方向偏转的特性,所以,此时声波将沿着一条弧形的曲线溜向海底,放过了本可以探测到的目标。当声波到达海底后,其中一部分能量被海底吸收,另一部分被海底反射,被海底反射后的声波还会沿弧线折向海底。就这样,声波蹦跶不了几下便把能量耗光了,声呐发射的声波也就成了"肉包子打狗——有去无回"。

53. 什么是混响?

你注意到打雷时"轰隆隆"的雷声要延续好几秒钟才结束吗？其实，真正的雷声只是最前面那清脆的霹雳声，而后面那一阵由强变弱、连续的"隆隆"声是初始雷声经过山岳、云层和地面建筑物等多次反射和散射而形成的回声，这就是混响。你可以找一间大一点的房间，尤其是那种没有装修的房子，然后"啊"地大叫一声，你肯定会发现房子里会"啊"、"啊"地响个没完，其实这也是混响。我们知道，能量是守恒的，它不会无缘无故地消失。要是没有什么东西吸收声音的能量，在密封房子里的声音，就会一直持续下去，永不消失。幸好，房间的墙壁、天花板和地面都能不同程度地吸收声波，否则我们就无法听清别人滔滔不绝的演讲了。

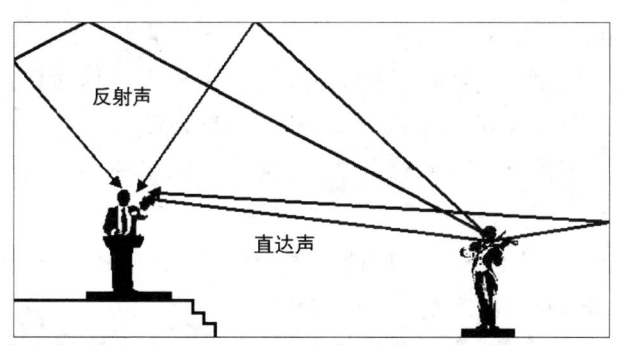

声音的反射与混响

现在终于可以搞清房间的混响是怎么一回事了。原来在房间中"啊"地叫过以后，虽然我们停止了发声，但声音的能量并没有消失，它还会在房间内来回反射，所以听起来"啊"、"啊"地响个没完。由于墙面的每一次反射都会不同程度地吸收声波,所以反射声越来越小,并最终消失得无影无踪。

在用声呐探测潜艇的过程中,当声呐发出一个声信号后,人们发现除了潜艇的回波以外,也会听到逐渐变小的声音。由此可见,海洋中同样存在混响现象。海洋中之所以存在混响现象主要是因为海底和海面能强烈地反射声波。就像在混响较大的房间中无法听清别人的讲话一样,海洋中的混响也可能将潜艇的回波信号完全湮没,使得声呐根本无法识别潜艇的回波。

54. 海洋混响对声呐有什么影响?

我们知道,在室内,混响会严重地影响人们的正常交谈,降低语音的清晰度,严重时甚至什么也听不清。同样,在海洋中由于混响的存在,声呐发射声脉冲后的一个相当长时间内,声波不会消失,有时甚至比目标的回波信号还要大,以致无法区分目标回波和海洋混响。由此可见,海洋混响是声呐的克星,它能严重地影响声呐的正常工作。

根据混响产生原因的不同,水下混响可分为三类:第一类是海面混响,它是由于海面波浪和气泡对于声波的散射而产生的;第二类是海底混响,其原因是海底的坑坑洼洼,起伏不平;第三类是海水混响,有时也称为体积混响,是声波在传播过程中遇到海水里的各种杂物和其他不均匀性而产生反向散射的结果。

就强度而言,体积混响最弱,海面混响较强,海底混响最强。它们的衰减速度却正好相反:海底混响衰减得最快,体积混响衰减得最慢。如果混响强度大于目标回波的强度,目标就不容易被发现。这就是为什么利用声呐难以探测沉底水雷或其他沉底小目标的主要原因。

55. 为什么说混响比噪声更难对付?

我们已经知道,噪声和混响都是声呐的宿敌,它们都能严重地干扰声呐的正常工作。但是,相比之下混响比噪声更难对付,比如说,提高声呐的发射功率可以克服噪声的干扰,可是,这一办法对于混响就不灵了。这是因为混响是"水涨船高"的,发射功率提高了,目标回波信号增强了,可是混响也一起跟着增强!因为混响本来就是一种回波,只不过它不是声呐目标的回波,而是其他物体的反向散射波之和罢了。

假如混响衰减比目标回波信号衰减得慢,那么,经过一定距离之后,目标回波信号就会完全湮没在混响之中,销声匿迹,声呐也就无法发现敌人的潜艇等目标。因此,研究混响的衰减规律,特别是研究回波信号与混响之比随距离变化的规律,以及其他有关的混响特性,从而寻求抗混响干扰的有效措施,还是当今声呐技术中的重要研究课题之一。

56. 海豚是怎样识别目标的?

人们为了提高声呐的性能,更好地完成对水中目标识别的任务,真是绞尽脑汁,煞费苦心。经过科学家的不断努力,现代声呐的性能比起达·芬奇的听测管不知改善了多少倍,然而,若是与一些动物的"声呐"相比,又大大逊色了。

　　海豚,大家并不陌生,它是智商非常高的海洋动物,是人类的朋友。海豚的本领可大呢,它能毫不费劲地捞起丢在浑水中的银币,轻松地穿越人们用铁杆搭起的"迷宫",甚至在眼睛被蒙住后,也能准确地回避障碍物并猎取食物。可见,海豚并不是依靠视觉来发现目标的。更让人奇怪的是,经过进一步的研究还发现,海豚也没有嗅觉器官。那么,海豚究竟是如何识别目标的呢?

"装"有"灵巧声呐"的海豚

　　很久以前,渔民们就发现,海豚会出"的答"、"咪咪"、"啸啸"等多种声音。由此使人猜测:海豚那非凡的探测本领是不是与声波有关呢?

　　经过科学家的大量实验和解剖分析,证明海豚既能发射声波,又能接收声波,并能对回波进行快速分析,准确地测定目标的方位、距离,识别目标的性质。这个过程与现代声呐是相似的。因此,可以说海豚的头部"装"有一台"灵巧的声呐"。而且,这台"灵巧的声呐"的性能在很多方面都远远超过了人造声呐。

57. 海豚的声呐与人造声呐相比有哪些优点?

声呐的出现,为人类探索海洋、利用海洋提供了一双明亮的"眼睛"。可是,与海豚的"声呐"相比,人造声呐还有许多逊色的地方。因此,进一步研究并学习海豚的"声呐技术",对于改进人造声呐、提高其性能就具有十分重要的意义了。

研究人员对驯养在水池中的海豚进行了反复的观测实验,发现海豚每隔15秒~20秒便周期性地发出一阵"咻咻"声,对周围的环境进行全面搜索。如果往水池中投入一条鱼,它就会立即改发重复周期短得多的声脉冲(比如每秒钟发几千个或几万个),迅速、准确地确定鱼的位置,然后冲上去一口吞掉。这一过程之快,是人造声呐根本不能比拟的。

海豚利用声波识别目标性质的本领,更是人造声呐望尘莫及的。它能够极其准确地辨认出目标的大小、形状和性质。海豚竟然能够分辨出3千米以外的鱼的种类——是它喜欢吃的石首鱼还是它所厌恶的鲳鱼!

还有,海豚"声呐"的抗干扰能力也同样惊人。研究人员把海豚遇到障碍物时发出的声音录制下来,再在水池中重放时,池中的海豚却游水如故,丝毫不受影响。

相形见绌的人造声呐,结构复杂,体积庞大,而海豚的"声呐"仅占其头部的一隅,这是多么悬殊的差异!这其中的奥秘,多么值得人们去探索呀!

58. 水声技术的功劳有多大?

由于无线电、微波、红外线和可见光等常用的探测信号在海水中的衰减速度非常快,无法实现远距离传输,只有声波可以在海洋中畅通无阻,所以在海洋观测、水下通信和水下定位等方面都必须利用声信号。正因为如此,研究声波在海洋中的发射、接收和传播等方面的规律就显得十分重要,并由此形成一门新的技术,即水声技术。通常,把研究和开发海洋所用的声学技术叫作水声技术,它包括回声探测、被动探测、声呐重入系统、水声遥测和遥控、水声通讯等方面。

利用水声技术发现的大洋中脊

水声技术除了在军事上广泛应用之外,在海洋环境探测、海洋资源开发、海底地形地貌及地质勘探、水下定位和导航等方面都建立了不朽的功勋。比如,在世界各大洋中具有50千米～200千米旋转直径的中尺度涡旋的发现,在世界大洋中部一条长达数万千米、宽数百千米的大洋中脊的发现,在大洋中周期几十秒到几十分钟的内波传播的发现,世界海底油田的发现等,所有这些成果都是水声技术立下的汗马功劳。

59. 常用的回声探测设备有哪些？

回声探测设备是最早使用的一类水下声学仪器，也是应用最为广泛的一类水下声学仪器。这类设备有一个共同的特点，那就是，它们通常都利用一组发射换能器在水下发射声波，使声波沿海水介质传播，直到碰到目标后再被反射回来，反射回来的声波被接收换能器接收，然后再由声呐员或计算机处理收到的信号，进而确定目标的参数和类型。

不同类型的回声探测设备往往使用不同的发射换能器和接收换能器，声信号的频率和波形也有所不同，当然，最主要的差别还在于对回波信号的不同处理方法上。目前，采用这种原理制成的水声设备多种多样，其中应用得比较普遍的有回声测深仪、侧扫声呐、声学多普勒海流计和鱼探仪等。这些仪器设备的发明和使用为研究海洋、开发海洋、利用海洋作出了重要的贡献。

60. 回声测深仪是怎样测量海深的？

过去，人们一直使用一端系有重锤的绳索来测量海深，这种方法不仅费时费力，而且误差还很大。现在，人们终于可以利用回声测深仪迅速、准确地测量海深了。

那么，你知道回声测深仪是怎样测量海深的吗？回声测深仪是基于回声测距的原理而研制的。发射换能器从海面向下发射声脉冲，声脉冲在水中向下传播，遇到密度不同的海底介质时发生反射，反射后的声脉冲在海水中向上传播，并被海面的接收换能器所接收。根据声脉冲在海水中往返的时间和它在海水中的声速,就能算出换能器至海底的直线距离,即水深。例如,在常温下,海水中声速的典型值为1500米/秒,如果测得声脉冲在水中往返的时间为3秒,则海水的深度为2250米。由于声波在海水中的传播速度随海水的温度、盐度和压力的变化而变化,所以,计算时还要作必要的修正。

两种测量海深的方法

61. 回声测深仪的主要用途是什么?

回声测深仪的发明为广大海洋工作者提供了一个强有力的水深测量手段。由于它可以在船只航行时快速而准确地测得水深的连续数据,所以很快便成为水深测量的主要仪器。现在它已广泛地应用于航道勘测、水底地形调查、海道测量、船只导航定位等方面。

今天,对大洋地形地貌的了解和认识,都有回声测深仪的功劳。过去人们根据数量很少的一些海上锤测资料,曾经认为世界大洋底是一片平坦的大地。回声测深仪的出现,才使人们眼界大开。因为测量结果显示,洋底和陆地一样崎岖不平,既有崇山峻岭,也有深沟峡谷,既有恢宏的高原、起伏的丘陵,也有辽阔的平原、阶地,形态万千,蔚为壮观。

62. 回声测深仪的种类有哪些?

回声测深仪的问世,使海深测量技术发生了根本性的变革。目前已有升沉补偿测深仪、拖曳式测深仪、多波束测深仪等多种不同类型的测深仪器,这些都是由于海洋勘探的需要而发展起来的设备。

人们根据工作深度的不同,设计制造了大小不同的测深仪器。小型测深仪的工作频率在 100 千赫兹左右,换能器尺寸较小,可在小艇上使用,用于测量几十米到几百米水深的海洋深度。大型测深仪的工作频率达数千赫兹,换能器尺寸较大,可测量深达 10000 米的世界海洋最深处的水深。

此外,还有一种双频测深仪。所谓双频测深仪就是指能用高、低两种不同频率工作的测深仪器。这种测深仪适用于测量沉积有稀泥的航道,它能用较低的工作频率探测较硬的真海底,或用较高的工作频率探测稀泥表面。

现在,回声测深仪的显示、记录方式也有多种不同类型。现代测深仪除用放电或热敏纸记录器记录外,还有数字显示及存储,甚至可以和计算机结合起来自动绘制海底地形图等多种不同方式。

63. 为什么会有两种不同的海深?

人们在使用回声测深仪测量海深时,有时会发现,用一种测深仪测出的是一种深度,而用另一种测深仪测出的又是另一种深度。这是什么原因?为什么同一个地方会有两种不同的深度?是不是仪器出了什么毛病?经过仔细的校验,发现仪器没有什么问题,测量的方法也是正确的。那么问题到底出在哪里呢?

经过反复研究,人们终于发现毛病就出在海底。有些海底比较硬,不论用工作频率较高的测深仪还是工作频率较低的测深仪,测出的深度都是一样的。但是,有些海底,在坚硬的海底上还有一层松软的淤泥,这层松软的淤泥无论是密度还是声速都与海水相差很小。其实,问题就出在这层淤泥上,因为它对不同频率声波的反射能力不同,具体来说,它对高频声波的反射能力很强,对低频声波的反射能力则很弱。如果测深仪向下发射高频声波,声波中的绝大部分由松软的淤泥表面反射回来,虽然有一小部分声波进入淤泥层,但最终还是被淤泥所吸收,使得坚硬海底的反射信号十分微弱,以致测深仪无法接收这种微弱的信号。显然,这时测得的海深就是从海面到淤泥表面的距离。反过来,如果测深仪向下发射低频声波,只有声波中的极少部分被淤泥表面反射,绝大部分声波都进入到淤泥层,而淤泥对低频声波的吸收也不大,所以坚硬海底的反射信号很强,这时测得的海深就是从海面到

双频测深仪

硬质海底的距离。

根据这一现象,科学家研制出一种双频测深仪。所谓双频就是指它能同时发射并接收高低两种不同频率的声波。这种测深仪用一种高频(例如 200 千赫兹)和一种低频(例如 30 千赫兹)同时向下发射,这样就能同时测出两种不同的海深,并算出淤泥层的厚度了。

64. 回声测深仪为什么能将海底地形"抹平"?

大家知道,回声测深仪都是先向水下发射声波,然后接收海底回波,并根据接收和发射之间的时间间隔计算海深。这种方法测量虽然简单、快捷,但是测量结果经常将海底地形"抹平",也就是说,在一个较大范围内的起伏往往没有测出来。就像手电筒的光柱一样,声呐发射的声波也会"照亮"一大片海底,这个区域内的海底都会反射信号,所以,测得的海深实际上是该区域的平均值。一个本来凹凸不平的海底,可能被认为是一马平川。

为了解决这种"抹平"海底的问题,科学家想出了一个简单的办法。那就是尽量提高发射声波的指向性,或者说让声波"聚焦"得更好一些。这样一来,声波"照亮"的海底面积就会小一些,测量的精度和分辨率就可以提高了。但是,由于每次发射的声波只能"照亮"很小的区域,要测量大面积的海域就必须多次重复测量,所以测量的速度就会降低许多。

65. 什么是多波束测深仪?

由于回声测深仪辐射的声波比较宽,所以用它测量海水深度时经常将海底"抹平",不能真实地反映海底的情况。而增加发射声波的指向性,虽然能提高测量的分辨率,更真实地反应海底的起伏情况,但是测量的速度又大大地降低了。那么,到底有没有更好的办法既能提高测量的精度,又不降低测量的速度呢?为此,科学家想了很多办法,使用多波束测深仪就是其中比较成功的一种。

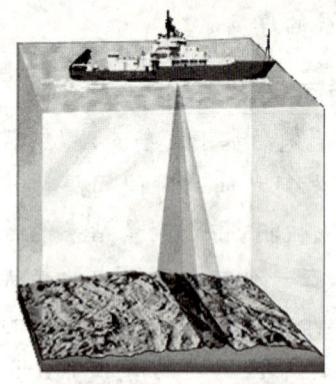

多波束测深仪测量海深

普通测深仪之所以会将海底"抹平",关键就在于它不能区分不同地点的回波信号。多波束测深仪与普通测深仪不同,它的发射换能器是特别设计的。普通测深仪发射的声波是圆锥形的,类似于从手电筒射出的光线;多波束测深仪发射的声波是扇面的,有点类似于透过门缝的手电光线。

多波束测深仪的发射换能器是朝着与航线垂直的方向向下的扇面发射声脉冲的,所以,在海底只有与航线垂直的一条线上有声波到达,因此也只有在这一条线上的海底才会反射声波。此外,它的接收换能器也是特别设计的,这种接收换能器只能接收某些特别方向的声信号,类似于透过一个多孔的纸板看东西。这样一来,不同地点的回波信号就像是通过不同的"孔"进入接收换能器一样,多波束测深仪也因此而得名。再用计算机来处理这些数据,就能得到与航线垂直的一条线上几十个点的深度了。随着测量船的行驶,可以迅速测出与航迹平行的几千米宽的一条带状海域内各点的深度。再配上必要的软件和绘图设备,就能绘制出所测海域的海底地形图。这项技术是美国通用仪器公司在20世纪70年代中后期研发出来的。近年来,不少公司利用这项技术相继研制出了类似的设备。

多波束测深仪与传统的单波束测深仪相比,不仅测量的精度提高了,密度加大了,而且工作效率也提高了不少。

66. 为什么把侧扫声呐称为海底地貌仪?

无论是海上航行运输,还是海底油气开采,都离不开详尽的海底地貌图。可是怎样才能绘制出这些海底地貌图呢?原来这些都是侧扫声呐的功劳。侧扫声呐是测绘海底地貌的水下遥测设备,素有"海底地貌仪"之称。目前在国际上未经它测量而绘制的海图是得不到认可的。别看它的本领神奇,其实使用十分方便,只要将它安装在测量船上,就可以边航行边工作,迅速绘出测量船航迹两侧海底的地貌图。

这种声呐利用与船行方向平行的线状换能器,产生

侧扫声呐测量海底地形

与船行方向垂直的扇形波束。波束到达海底后,凸出部分产生散射,而凸出部分后面则不产生散射信号。不同的回波强度随时间变化,记录在化学纸或磁带上,形成黑白海底地貌图。现在,人们已经将计算机技术应用到侧扫声呐中去。利用计算机不仅可以改变比例尺,修正由于传播衰减、拖曳高度和船速变化、倾斜等引起的误差,还能进行拼图处理,从而大大提高了海底地貌图的质量。

67. 侧扫声呐的本领有多大?

如今,侧扫声呐已经成为绘制海底地貌图的必用设备了。根据不同的需要,人们设计并制造了多种不同用途的侧扫声呐设备。就其探测能力而言,侧扫声呐可分为近程、中程和远程三种。小型地貌仪工作频率为数十到数百千赫兹,探测距离为数百米,分辨力为数十厘米;大型地貌仪工作频率为数千赫兹,功率为数千瓦,探测距离为数十千米,分辨力为数米。用于深海探测的地貌仪

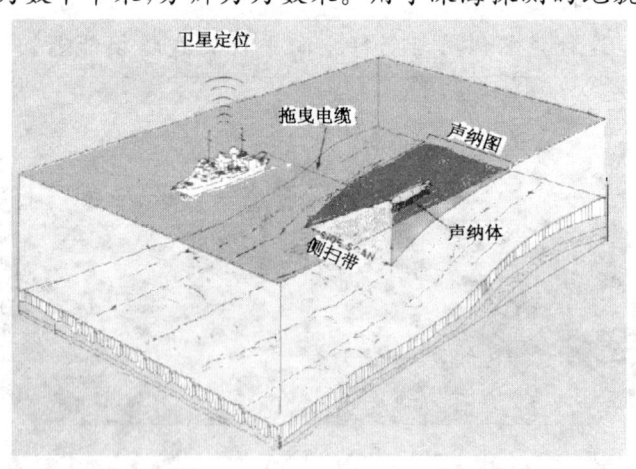

可用深拖技术,也就是说,工作时把换能器沉入到距离海底数十米处,使探测更为有效。

1989年,由英国海洋研究所研制的"格洛里亚—马克Ⅲ型"远程侧扫声呐在5000米深海测量时,扫测宽度可达60千米,每个工作日可探测海底面积达2万平方千米,是一种有效的大面积快速海底地形探测工具。探测区域内的海底地形、等深线、经纬度,重要的海底目标的位置、大小和形状等一目了然。美国地质调查局从1983年到1988年期间,利用更为先进的远程侧扫声呐完成了446.5万平方千米专属经济区(约占了美国专属经济区总面积的48%)的海域调查,并且绘制和出版了详细的海图资料。

68. 什么是多普勒效应?

当你站在火车站的月台上,观察一列穿越本站的列车时,列车开来时汽笛的声调会越变越高,而当它开走时声调又会越变越低。这种观测频率与物体相对运动的速度和方向有关的现象就是多普勒效应。

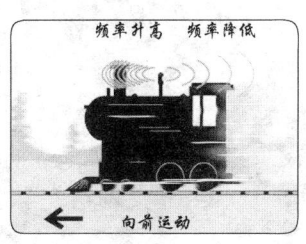

多普勒效应

多普勒效应是物理学家多普勒在1842年发现的,它的内容是:当波源和观察者有相对运动时,观察者接收到的频率和波源发出的频率是不同的,两者相互接近时接收到的频率升高,相互离开时则降低。

多普勒效应在日常生活中是容易观察到的。比如,有经验的铁路工作人员根据听到的火车汽笛声,就可以准确地判断火车是开来还是离去,车速是在加快还是减慢。

多普勒效应有很多应用。在海洋中,人们可以利用它来测量潜艇的航速和航向。

69. 什么是声学多普勒海流计?

生活中,经常会听到汽车、火车或者轮船的鸣笛声,你肯定已经注意到当它们驶来和离去时的音调变化。这种由于观察者与观察对象的相对运动而引起的接收频率发生变化的现象就是多普勒效应。可是,你有没有想到利用多普勒效应还能测量海流的流速呢?

测量海流的流速和流向是研究海洋的重要手段之一,为此科学家已经研制了多种不同类型的海流计,声学多普勒海流计就是这些仪器中的一种。所谓声学多普勒海流计就是利用声学多普勒原理制成的,用于测量海流速度的仪器。这种海流计是以海

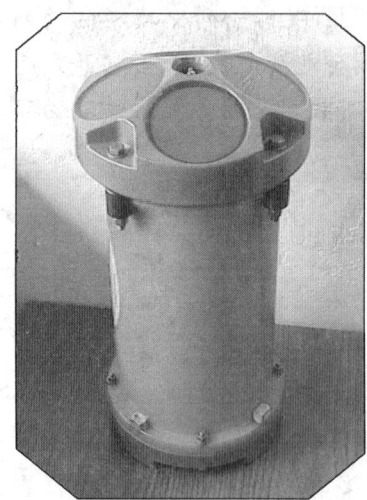

声学多普勒海流计的探头

底和海水作为调查船声源的参照物的。它从调查船上向海水中发射频率稳定的声脉冲信号。当声波到达海底,相对运动船上的声源,就会产生多普勒频移。再由调查船上的接收器接收海水和海底的声散射信号,通过繁杂的计算就得到各层海水流动的速度和方向。近年来,科学家还在此基础上研制出了剖面海流计。使用这些测流设备,科学家发现了大洋中有周期几十秒到几十分钟的内波传播,这对深入研究大洋的水文特征是十分重要的。

70. 水下传递信息的主要方式是什么?

现在,人们在水下的活动越来越频繁了,水下通讯、控制和数据传递日益变得迫切了。例如,潜水员与潜水员之间、潜水员与潜水器或水下居室之间要进行通话,水下机器人的作业和上浮要进行遥控,水下测量的数据需要传送到母船或海岸观测站,等等。这些在陆地上看来十分简单的问题,一到水下就变得复杂了。首先,电磁波在海洋中无法远距离传播,我们熟悉的无线电通信不能用了。其次,尽管电缆可以满足水下通信的需要,可是要使电缆防水、耐压,就必须加上厚厚的保护层。在波涛汹涌的大海中,拖着这种沉重的电缆实在是太不方便了。如果为了彼此通讯,而用沉重的电缆将几艘潜艇连在一起,那该是多么的荒唐可笑啊。

为此,科学家开发了各种各样的水声通讯设备,它们直接利用声波在水下传递信息。根据作用距离的不同,水下通讯设备有近程、中程和远程之分,最远距离可达4000多千米。目前,已经广泛应用的水声通讯设备有通讯声呐、水声应答器和水声遥测系统等,它们为人类探索海洋、利用海洋作出了重要的贡献。

71. 水下也能打电话吗?

在水下,如果两个人之间的距离非常近,他们可以直接交谈,可是距离远了就什么也听不见了。为了帮助潜水员通话,人们开发了水声电话。

水声电话

由于人们讲话时所发出的声波频率太低,直接将这种信号放大进行远距离传输会有许多困难。科学家借鉴了无线电话的一些做法,先把讲话的低频信号调制在频率较高的超声波上,再通过发射换能器传送出去。这种频率较高的超声波信号能在海水中传播很远的距离。接收方利用水听器拾取超声波信号后再作检波处理,就能恢复成原来的讲话声。水声电话中使用的超声波频率为40千赫兹~50千赫兹,作用距离可达200米~800米。

在水下,普通结构的话筒用起来很不方便,因此,通常采用喉头话筒、面具话筒或唇部话筒。它们不是将声波,而是将讲话时喉头、面部或唇部的振动转化成电信号,因而清晰度较好。当然,耳机也不能用普通的耳机,而是用贴耳型或骨传导型耳机。骨传导型耳机可以附着在耳后骨部或前额上,它的灵敏度高,性能稳定,声音清晰。

72. 什么是海洋声学层析术?

20世纪70年代末,科学家就已经开始研究一种快速、同步观测广阔海域立体空间的技术,他们在海洋中布设多个声源和水听器,测量不同声源产生的声音到各个水听器的时间,然后根据这些时间算出海洋中的声速分布情况,再把这种声速分布情况与相关的海洋物理特征结合起来,利用可视化技术就能编制出所测水层内的海洋三维图像。海洋声学层析技术的研究,对实现海洋中大范围水文物理场实时探测具有重大意义。

海洋声学层析技术原理和医学的X射线成像技术十分相似。它利用了海水中的声速与海水温度、盐度、压力和密度等因素有关的原理,根据声传播时间的变化,反过来演算出海洋中温度、盐度、压力和密度分布状况。因此,假如能够在海洋中布设适当的声学浮标,构成一个合理矩阵,就有可能绘制出海洋中的"天气图"。

经20世纪80年代在大西洋、太平洋的多次试验,证实了海洋声学层析术用于绘制海洋"天气图"的能力。科学家预测,这一技术可望在21世纪进入实际应用。到那时,与卫星遥感相结合,由卫星遥感提供全球范围的海面"天气图",而海洋声学层析术提供海洋深层"天气图",这样上下配合,就可以使我们了解整个海洋的状况和特征,为预测海洋现象的变化提供良好的条件。

73. 声呐由哪几部分构成？

关于声呐的"使者"——声波在海中传播的情况,我们已经有了一些基本的了解。那么,声呐是怎样发送声波的？声波在传播之后,又是怎样返回声呐,并将旅途中的"所见所闻"告诉人们的？要回答这些问题,就得对声呐的基本结构和工作原理有所了解。

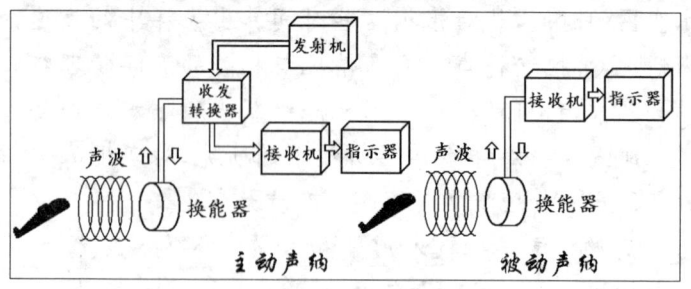

声呐的基本结构

按照工作方式的不同,声呐可分成主动型与被动型两大类。其中,主动声呐多数用于搜索、定位和导航等；被动声呐则主要安装在潜艇上,对目标进行警戒、搜索、测向、跟踪以及测距等。如果从达·芬奇的听测管算起,声呐的发展已有约500年的历史了。几百年来,经过科学家的不断努力,声呐的结构由简单到繁杂,功能由单一到多样,性能更是日趋稳定。但是,无论多么复杂、多么新型的声呐,也可以把它划分为发射机、接收机、换能器和指示器等几大部分。当然,主动声呐和被动声呐在结构上还是有一定区别的,主要表现在主动声呐比被动声呐多了发射机这一部分。之所以会有这种区别是因为主动声呐是靠自己发射声波,然后接收目标的回波来工作,而被动声呐则不需要自己发射声波,仅仅依靠被动地接收目标的噪声来工作。

74. 探照灯式声呐是怎样发现目标的?

探照灯式声呐是一种简单而又十分典型的主动声呐。通过对它的解剖,我们就能了解到其他不同用途的主动声呐和被动声呐的基本结构和主要工作过程。

声呐在工作时,首先由控制器给发射机发出工作指令,接到指令后发射机的振荡器产生脉冲信号,随后这一脉冲信号被送入放大电路中放大,放大后的电脉冲信号通过发射换能器转换成大功率的声脉冲信号向水中发射出去。

通常,声呐换能器都被设计成具有较强的指向性,也就是说它发射出来的声脉冲聚焦良好,是一个很窄的波束,一次只能"照亮"一片较小的海区。为了能搜索更大范围内的目标,该波束必须能够转动,或者说,必须能够"扫描",就像日常生活中人们打着手电找东西一样。波束的转动是通过换能器的机械转动而实现的,这与探照灯的工作方式十分相似,因此人们把这种声呐称为探照灯式声呐。发射换能器之所以要将声波聚焦成窄波束,一方面是要避免宽波束时无法判断目标方位的问题,另一方面是要增加探测距离。

声脉冲在水中传播时,如果碰到水下目标就会有一部分声波被反射回来。被水下目标反射回来的声波通常被称为回波。接收换能器把接收到的回波转换成电信号,再送到接收机中进行放大、处理,最后通过显示器显示或扬声器播放出来,以便声呐员进行判别,以确定目标的方位、距离和类型等。通常,声呐还能用记录器将探测结果记录下来供日后参考。

75. 声呐发射机的作用是什么?

声呐发射机是主动声呐的重要部件之一,它的作用是产生功率足够大的音频或超音频电信号,然后通过安放在水里的发射换能器转换成声信号发射出去。简单地说,声呐发射机是由振荡电路和放大电路两部分组成的。其中,振荡电路负责产生不同频率、不同波形的电信号;放大电路则是将振荡电路产生的电信号放大到足够大,以推动换能器的工作。

声呐发射机有脉冲和连续两种不同的工作方式,其中脉冲方式用得较为普遍。所谓脉冲工作方式,就是指发射不是连续的,即在每次发射之后,发射暂时中断一下。在发射中断的这段时间内,接收机可以通过接收换能器接收目标回波。然后,声呐再重复发射、中断、接收的过程,并不断循环下去,整个过程好像人的脉搏跳动一样。这和登山运动员利用间歇的叫喊声,测量前方山峰陡壁的距离是一样的道理。

采用脉冲工作方式的好处是,一方面它容易把目标回波和发射声波区分开来,另一方面它还有利于制成大功率的放大器和换能器。

连续工作方式则不同,发射换能器必须连续不断地发射声信号,与此同时接收换能器也要持续地接收回波信号。为了能将发射声波和目标回波区分开来,发射换能器必须连续地改变发射信号的频率,以保证接收信号和发射信号的频率始终不同。这种频率连续改变的信号,通常被称为调频信号。

76. 声呐发射信号的间隔时间是如何确定的?

通过上面的介绍,我们知道,主动声呐都是通过自己发射声脉冲来工作的,而且经常采用的是"发射——中断——接收"的脉冲工作方式。那么,声呐发射信号的间隔时间是多少比较合适呢?或者说,每秒钟或每分钟发射多少个单频脉冲最好呢?

其实,这完全取决于声呐的最大探测距离。当探测距离较近时,由于目标回波时间短,因而两次发射的间隔时间就应该短一些,每秒钟可以多发几个脉冲。当探测距离较远时,由于目标回波时间长,因而两次发射的间隔时间应该长一些,每秒钟只能少发几个脉冲。否则,第一个发射信号的回波还没

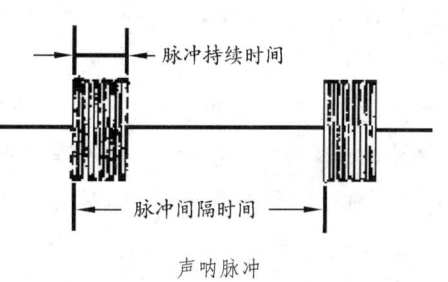

声呐脉冲

有接收到,又匆匆发出第二个信号,这样一来,就会分不清所接收到的回波究竟是哪一个发射信号产生的,影响测距工作的正常进行。

通常,人们把前一个发射信号与后一个发射信号之间的时间间隔,叫作脉冲重复周期。一般的声呐系统都能产生几种不同重复周期的信号,而且间隔时间还能连

续可调,以适应不同的探测距离的需要。

77. 声呐发射信号的持续时间为多少比较合适?

对于脉冲声呐而言,除了要控制两次发射的时间间隔外,每一次发射的持续时间也是十分重要的。发射信号的持续时间,或者说,单频脉冲的宽度,对于声呐的工作性能也有较大影响,必须正确选取。

在振幅相同的前提下,脉冲宽度大一些,单频脉冲所携带的能量也就多一些,可以传播得更远一些。但是,这样一来,声呐对于同一方向上两个不同距离的目标的分辨能力就降低了。这是因为,脉冲太宽,后一个目标回波的"头"就可能与前一个目标回波的"尾"搭起来,甚至相互重叠,以致在指示器上分辨不清究竟是一个目标还是两个目标。反之,如果脉冲宽度较窄,就比较容易分辨清楚。然而,脉冲宽度太窄了也不好,因为信号携带的能量太少,信噪比不高,也会影响声呐的性能。

实际使用中应该兼顾分辨率和信噪比来合理选择(调整)信号的持续时间,通常发射脉冲的持续时间会在几毫秒至几百毫秒的范围内选取。

78. 声呐换能器是怎样发声的?

与在空气里的情况一样,在水里敲击、吹哨或爆炸都能发出声音。但是,现代声呐技术中广泛使用的还是通过电声换能器来发射和接收声波的。换能器就是进行能量转换的设备,声换能器则是特指将声能转换成电能或将电能转换成声能的设备,声呐信号的发射和接收都离不开它。通常,人们把能够将电能转换成声能的换能器称为发射换能器,简称发射器;将声能转换成电能的换能器叫作接收换能器,简称接收器,或水听器。

接收器和发射器可以是两个不同的换能器,也可以用同一个换能器兼用。

细心的读者也许会联想到,发射器和水听器与空气中常用的扬声器和话筒不是很相似吗?的确如此。不过,要是把喇叭和话筒密封起来放在水中,它们的电声转换效率就会大大降低。这是因为水的特性阻抗要比空气高几千倍,浸在水里

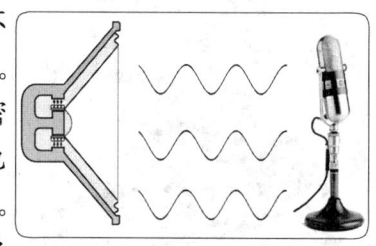

扬声器和话筒

的喇叭和话筒就好像在齐腰深的水里走路的人,浑身使不出力气来。因此,声呐系统必须使用能与水介质配合得较好的换能器。现在,科学家已经研究开发了多种不同类型的适合水下使用的声呐换能器,其中比较典型的有磁致伸缩型、压电型和电致伸缩型等几种。

79. 磁致伸缩型换能器是如何发声的?

在空气中,最常用的电声发声设备是扬声器,也就是通常所说的喇叭。这种扬声器是利用通电线圈在磁场中会受到力的作用的原理制成的,所以习惯上将它称为电动式扬声器。这种扬声器虽然能在空气中非常出色地工作,可是一到水下它就显得力不从心,有劲用不上了。

1842年,英国物理学家焦耳在研究中发现:铁磁材料在外加磁场的作用下,会沿着磁力线的方向产生相对形

变,如果外加磁场的大小和方向不断改变,该材料就会产生振动并发出声音来,这就是所谓磁致伸缩效应。利用铁磁材料的磁致伸缩效应制成的换能器就是磁致伸缩型换能器,这种换能器特别适合在水下使用。

那么,磁致伸缩型换能器到底是个什么样子呢?我们先将铁磁材料制成棒状,再在外面绕上线圈,就制成了简单的磁致伸缩型换能器。当线圈中通过交流电流时,就会在线圈周围激发出交流磁场。在该磁场的作用下,铁磁材料就会出现"伸缩"现象,从而激发出声波,完成了电能向声能的转换。

英国物理学家焦耳

80. 声呐是怎样搜索目标方位的?

当你打开房间的灯泡时,整个房间都会亮堂起来。可是,当你打开手电筒时,照亮的却只是一个局部空间。这是为什么呢?这是因为与灯泡辐射的光线不同,手电筒辐射的光线是经过聚焦的,较为集中,即窄波束。

为了确定目标的方位,声呐换能器只能辐射很窄的波束,否则就很难辨别回波到底来自什么方向。我们不妨设想一下,如果声呐向东辐射声波,没有收到回波,而向西辐射声波时,却收到了回波,不就可以确定目标在西而不在东吗?要是声呐同时向四周辐射声波,虽然能够收到回波,可是却无法确定目标的方位。声呐既要做到辐射窄波束,来确定目标的方位,又要做到"眼观六路,耳听八方",这就需要附加一套能够使它灵活自如地升降、回转和俯仰的传动装置。通过这套传动装置,声呐换能器才能够向不同的方向自由发射声波,并检测回波,从而搜寻目标的方位。

船用声呐探测海底目标

通常,声呐以一定的回转速度来旋转换能器,使换能器的波束从船的一侧扫到另一侧,比如从左舷90°开始扫到右舷90°,然后返回,周而复始地搜索目标。这一功能是由换能器的水平回转系统来实现的。同样,为了探测目标深度或改善在深海中探测目标的性能,不少声呐还设有换能器垂直俯仰系统。通过这两套系统,声呐就可以全方位地搜索水下目标了。

81. 声呐接收机的任务是什么？

在海洋中，水听器接收到的目标回波往往十分微弱，而且还常常湮没在混响和噪声之中，经过声电转换得到的电信号自然也很微弱。因此，必须将它放大足够的倍数，比如几百万倍，并且进行一定的加工处理，才能使声呐员听得清、看得明。完成这种任务的设备就是声呐接收机。

从基本结构来看，声呐接收机与我们日常使用的收音机有些类似，也是由前置放大器、变频器和功率放大器等几个部分组成的。首先，水听器输出的电信号被送到前置放大器中进行放大。为使接收机能够接收微弱的回波信号，前置放大器往往被设计成有很大的放大倍数，而且它的本底噪声非常小。信号经过前置放大器的放大后，再通过增益调节器而抵达变频器。变频器将回波信号内频率较高的载波变换成频率较低的载波，然后再送入功率放大器进行功率放大。至此声呐接收机的工作就已全部完成，余下的工作将由声呐的显示系统来完成，简单地说，经过功率放大后的电信号就能推动扬声器发声或在荧光屏上显示某种图形，供声呐员收听和观看。

82. 声呐接收为什么要进行频率变换？

声呐接收机的主要任务是用来放大经换能器转换的电信号，除此之外，它往往还要进行频率变换。所谓频率变换就是通过变频器将回波信号中频率较高的载波变换成频率较低的载波。可是，声呐为什么要进行这种频率变换呢？

这是因为绝大多数声呐都工作在几十千赫兹到几百千赫兹的超声频段,因此,目标回波也是频率很高的超声波信号,人耳根本听不到。即使降低声呐的工作频率,让它工作在音频范围内,也只能工作在十几千赫兹,频率再低就会有许多困难,而且探测效果也不理想。这时人耳虽然能够听到,但是很不敏感,听着刺耳,不舒服。因此,为了便于用喇叭或耳机监听目标回波,就必须将目标回波信号由高频变换成低频。由于人耳对频率为 1000 赫兹～3000 赫兹的信号最为敏感,所以,在声呐接收机中,通常把回波信号的载频变换成 1000 赫兹左右,这样一来声呐员不仅听得清楚明白,而且也听得很舒服。

83. 声呐指示器的作用是什么?

指示器是声呐的终端设备,它直接给声呐员提供各种有用的信息。声呐指示器可分为两大类:一类是听觉指示器,例如耳机和喇叭;另一类是视觉指示器,例如记录器和显示器等。其中记录器还可进一步分为机械记录器、光学记录器和磁带记录器等。

机械记录器是常用的一种声呐记录设备,它在声呐系统中有两个重要的作用。首先,它能将回波记录下来,并且测出从发射声波开始到接收到目标回波为止的间隔时间。其次,它还能像人的大脑一样,向发射机、接收机、回转系统等单元发出各种指令,使它们各尽其职,同心协力,以保证整个声呐系统正常地工作。可见机械记录器不仅仅是一个记录设备,还是一个控制设备。

由于机械记录器的记录笔是靠机械装置带动的,记录方式单一且记录速度较慢。与机械记录器相比,光学记录器和磁带记录器的性能有了很大的改善,但是,它们往往没有同步和控制的能力。无论使用何种类型的记录器记录回波信号,都有一个突出的优点,那就是回波图可以长期保存,供人们仔细分析研究。

84. 声呐显示器有哪几种类型?

声呐显示器是一种较为先进的指示器。与记录器不同,它并不是被动记录或显示回波信号的,而是先对回波信号作必要的处理,然后将结果以十分直观的方式显示出来。通过显示器人们能迅速而直观地获取目标的距离和方位等信息,因而深受人们的喜爱。

和计算机的显示器相类似,声呐显示器大多也采用阴极射线管制成。根据结果显示方法的不同,大致有幅度—距离型、距离—方

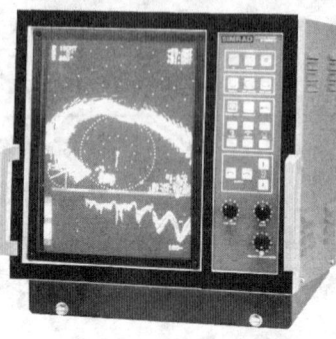

声呐显示器

位型、平面位置型以及数字型等几种。前三种显示器,信号都显示在示波管的荧光屏上,荧光屏的中心表示声呐所在地,同心圆的半径指示目标距离,方位角的度数显示在圆周上。接收到的回波信号就被显现在相应距离和角度处,既清晰,又直观。数字型显示器则能用数码更准确地显示出目标的坐标参数,用起来十分方便。

85. 被动声呐是如何测量目标方向的?

利用声呐在茫茫大海中仅仅确定有无目标是不够的,还必须知道目标在什么方向,距离有多远。

早期的声呐,是利用人的双耳能够测向的本领,即"双耳效应"制成的。什么是"双耳效应"呢?原来,当声源位于正前方或正后方时,由于声波传到两只耳朵的路程是一样的,所以两只耳朵同时接收到信号,并且强度也是一样的。如果声源偏在某一方向上,情况就不同了,由于声波到达两只耳朵的路程不同,因此到达的时间(或相位)就有差别,并且强度也略有差异。实验表明:经过训练的人耳能够分辨的时间差约为 0.00063 秒,相当于空气中的声源比原来方向偏离了 3°。

在水下,人们也使用具有两个水听器的接收基阵,这与人的两只耳朵相类似。因此,只要比较两个水听器输出信号的强度和相位,就能确定目标的方位了。

可是,在水下这两个水听器应该相距多远才合适呢?科学家们发现,两个水听器的距离为 95 厘米时最好,这是因为这时声波从基阵的一端走到另一端需要 0.00063 秒的时间,与空气中声波走完两耳之间的距离所用的时间相同。

现代声呐所用的测向方法已有较大的改进,主要有极大值法、相位差值法和振幅差值法等几种,虽然它们都是在"双耳效应"的基础上发展起来的,但测量精度已有很大的提高。

86. 声呐是如何测量目标距离的?

在实际应用中,人们往往要求声呐既能测出目标的方向,又能测定目标的距离。我们已经知道,利用"双耳效应"等方法能有效地测出目标的方位。那么,怎样才能测出目标的距离呢?

一位名叫捷哈罗夫的俄国科学家,曾经多次试验利用声波测量距离。1804年的一天,他乘坐热气球升到空中,然后朝下大喊一声,10秒钟过后,他听到了来自地面的回声。由于当时已经知道空气中的声速约为330米/秒,所以,气球离开地面的高度就很容易计算出来了:等于1650米。显然,气球距离地面的高度等于声速与发射声波到接收回波之间时间的乘积的一半。声呐系统常用的测距方法是脉冲波测距法,其原理与上面所讲的完全相同,也是先发射一个声脉冲,再接收目标回波,并测量发射脉冲与接收回波之间的时间间隔,然后再利用这一时间间隔和水中的声速来计算目标的距离。

87. 什么是调频测距法?

虽然脉冲测距法能有效地获取目标的距离参数,但由于它采用"发射——中止——发射"的间歇式工作方式,因而不能连续获取目标的距离参数。另一种常用的测距方法叫作连续发射调频波测距法,简称调频法。

在这种方式下,声呐发射的不是单频脉冲信号,而是频率按线性规律变化的连续调频信号。具体来说,发射信号的频率从某一频率(上限)开始,以一个恒定的速度降低,直到降至另一频率(下限)时,再突然跳回到原来的值,此后,再一次按恒定的速度降低……如此周而复始地循环。发射机之所以要不断地改变发射频率主要是便于接收机区分发射信号和接收信号,否则就无法确定回波对应的发射信号。

由于信号的发射和接收都是连续进行的,所以这种声呐必须使用独立的发射换能器和接收换能器,而不能兼用。工程师们在设计当中往往让发射波束比较宽,而接收波束相对较窄,这样既可以加快搜索速度,又能保证一定的测向精度。

88. 调频测距法是怎样测量距离的?

从上面的介绍得知,脉冲测距法是通过测量发射脉冲和接收脉冲之间的时间间隔来测量目标距离的。调频测距法则是连续不停地发射和接收信号,显然没有办法直接测量发射和接收之间的时间间隔,那么,它到底是怎样测定目标距离的呢?

声波在传播过程中如果遇到目标,就会产生回波。假如声呐和目标都是静止不动的话,更准确地说,如果声呐和目标之间没有相对运动的话,那么回波的形状与发射信号是完全相同的,只不过落后了一段时间,并且目标的距离越远,回波落后的时间就越长。

细心的读者也许已经发现,由于发射信号的频率在不断改变,所以接收信号的频率与当前发射信号的频率必定不同,而且回波频率与发射波频率的差值与目标距离成正比。因此,只要测出回波与发射信号的频率差,目标距离就可以知道了。如果声呐和目标之间有相对运动的话,情况就要复杂得多,需要经过繁琐的数学运算才能求出结果。如果同学们对这方面的知识感兴趣的话,就应该阅读更专业的书籍了。

89. 连续声呐的优点是什么?

连续发射调频波的声呐最早出现于第二次世界大战期间。由于连续声呐需要不停地发射声波,因而接收换能器和发射换能器不能共用。但是,这种声呐的突出优点是能够连续地获得目标信息。由于目标回波的持续时间较长,有经验的声呐员不仅能够通过听测来粗略地估计目标距离,而且还可以用听测来区分目标的性质、大小和形状等信息。

目前,这种声呐除了在深潜工作船上担任船舶导航和搜索目标任务以外,还用于探测水雷等重要目标。

90. 声呐是怎样测量目标的航速和航向的?

由于声呐能测量目标的距离和方向,或者说声呐能确定目标的位置,因此,只要每隔一定的时间测定一下目标的位置,就能算出目标的航速和航向。这种方法虽然简单可行,但它只能获得目标在一定时间间隔内的平均速度,无法获得目标的瞬时速度。有没有更好的方法来测量目标的航速和航向呢?

实际上,当声源和观察者之间有相对运动时,观察者接收到的频率和声源发出的频率是不同的,两者相互接近时接收到的频率升高,相互离开时则降低。这就是所谓的多普勒效应。

利用多普勒效应,声呐可以迅速地测出目标的航速与航向。具体来说,先由声呐发射某一固定频率的声波,然后接收目标的回波。如果声呐和目标都不运动,那么,接收到的回波信号的频率与发射信号的频率相同;要是两者之间有相对运动,接收到的回波信号的频率与发射信号的频率就不同。如果声呐和目标之间的距离,由于它们两者或其中一个的运动而减小时,回波频率就增加;反之,回波频率就会降低。频率增加或降低的多少与两者相对运动的速度成正比。因此,测量回波信号的频率变化量,就能测出目标的航速与航向。

91. 利用多普勒效应测量航速和航向有什么好处?

为什么要用多普勒效应测量目标的航速和航向呢?这是因为,利用多普勒效应测量目标的航速和航向不仅方便快捷,而且在混响比较严重的环境中也是十分有效的,这是脉冲测距法所无法比拟的。

我们知道,混响基本上是由海水中各种固定物体的回波叠加而成的,因此在声源静止的情况下,它们回波的频率基本是不变的。如果潜艇目标对着声呐船驶来,目标回波的频率将高于混响的频率;反之,目标回波的频率便低于混响的频率。当潜艇横向驶过时,目标回波的频率与混响的频率大致相同。利用这一特性能有效地将目标回波与混响干扰区分开来。

事实上,利用多普勒效应不仅能够测得目标的航速与航向,如果利用静止不动的海底回波,还能测出声呐所在船只的航速和航向,这一技术对于船舶导航是十分有用的。

92. 声呐是怎样识别目标潜艇是敌是友的?

潜艇在水下并不是孤军作战,水中的潜艇往往有敌有友,如果声呐不能判断目标潜艇到底是敌人还是朋友,就算声呐能够识别目标的距离和方向也没有任何意义。因此,必须让声呐能够识别目标潜艇是敌是友。

行进中的潜艇

鉴别目标潜艇是敌是友,通常是由敌我识别声呐完成的。这种声呐包括询问器和应答器两部分,在每一艘潜艇上都要安装这两个部分。工作时,由一方询问器向被识别的目标发出经过加密的询问信号。对方的应答器接收到该信号后,如果是自己人,它就能理解这一询问信号,并以另一种加密的信号应答。然后,询问器再将接收到的应答信号加以鉴别,以判明敌我。这种识别过程同人们熟悉的利用"口令"识别敌我是类似的。它虽然简单、有效,但保密性很差,容易暴露自己。

那么,有没有更好的办法用来识别潜艇的敌友呢?日常生活中,大家都有这种体会,那就是熟悉的朋友不用眼看,只要听听声音就知道他是谁。这说明不同的人讲话声是有区别的。科学家已经发现,不同国家生产的不同型号的潜艇,在水下辐射的噪声也有区别。因此,可以利用现代信号处理技术,仔细分析目标潜艇的噪声特征,来确定目标潜艇的型号和国籍,并以此判断目标潜艇是敌是友。显然,采用这种方法识别敌友就不容易暴露自己,因而安全多了。

93. 为什么声呐会错把鱼群当潜艇?

在海洋中利用声呐判别水中有没有"东西"是比较容易的,但是要确定这些"东西"到底是什么就比较难了。因为在声呐的视觉指示器上,各种舰艇回波的形状都很相似,甚至一条鲸和一艘潜艇的回波也相差无几,于是,误会便接踵而至。根据统计,在第二次世界大战中,盟军对德国和日本潜艇的攻击,几乎有90%是在没有真正识别目标的情况下进行的,甚至错把鲸等当作敌方潜艇进行攻击的也不乏其例。

为什么在声呐视觉指示器上显示的各种目标回波的形状都是大同小异,以至于很难识别呢?这是因为,为了保证声呐具有足够的探测距离,往往使用较低的工作频率,可是声波的频率越低,波长就越长,相对目标尺寸来说就不能很短,因而分辨率也就很低。此外,过大尺寸的声呐基阵不仅安装使用困难,还会给航行带来很多不便,所以通常声呐基阵的尺寸都不够大,以至于发射的搜索波束不能很窄很细,当然也就无法仔细"描绘"目标的形状和大小了。这就好比用巨笔写蝇头小楷,写出来的字都成了一团团墨迹一样。看来只有提高探测声波的工作频率并使其聚焦良好,才能准确地描绘出目标的大小和形状,以便人们确定目标到底是什么"东西",避免错把鱼群当潜艇的闹剧发生。

94. 声呐是怎样识别目标类型的?

在水下,仅仅发现目标的有无是远远不够的。人们不仅要知道有没有目标,它是移动的还是静止的,移动的速度和方向是多少,往往还需要知道这一目标到底是什么"东西",否则就会造成不必要的麻烦。

尽管在水下识别目标的类型十分困难,但是不同的目标既然在材料、结构、形状、大小和状态等方面存在着

声呐员正在监听目标信号

差异,那么,它们回波的特征就会有所不同,只要认真观察,仔细比较,就有蛛丝马迹可辨。例如,潜艇和水面舰艇回波的特征是:回音清晰而带有尾声;显示回波清晰,成直线,跳得干脆;记录笔迹浓重,长短与航向角有关等。而鱼群回波的特征是:回音清楚,但低沉、不干脆;显示回

波与潜艇相比,直线较粗,而且跳得不干脆;记录笔迹有记录,并能测出距离变化率。经过长期的观察和总结,人们已经找到了多种不同类型目标回波的特征,根据这些特征,经验丰富的声呐员就能将不同类型的目标区分开来。

除了视觉识别的方法之外,声呐员还常常利用听测的方法来识别目标。一般来说,听测识别的效果比显示和记录识别都好一些。人耳的确是一种优秀的声音分析器,它可以感受到的声压,比蚊子落到人体所产生的压力还小几百倍、上千倍。经过训练,人耳还能把频率为1000赫兹和1003赫兹的两种声音区分开来呢。当然,不管是视觉识别还是听觉识别,想要迅速、准确地识别各种目标,做到万无一失,都必须经过长期训练、潜心琢磨才行。

不过在这里可以告诉大家的是,现代信号处理技术的发展已经为目标特征识别铺平了道路。现在通过对特征谱线的分析,人们很容易将潜艇和鱼群区分开来,甚至还能确定目标潜艇的具体型号呢。

95. 怎样才能让声呐"看"得更远?

视力不佳或听觉失灵的人,无论是在生活还是在工作上,都会有很多不方便的地方。声呐是船舶、舰艇的水下耳目,它们的"听觉"和"视觉"灵不灵,也是至关重要的问题。在水下战斗中,敌我双方都力求首先发现对方,以求先发制人,或者主动回避,掌握反潜战的主动权。因此,提高声呐的探测距离,历来就是声呐设计和使用所追求的一个主要目标。事实上,现代声呐的探测距离已经比"二战"时期的声呐提高了10倍～30倍。那么,这种惊人的进步是怎样取得的呢?

经过多年的研究,科学家终于发现降低声呐的工作频率是增加声呐探测距离的有效方法之一。"二战"结束以前,多数声呐的工作频率为20000赫兹～40000赫兹,这在当时被认为是最理想的工作频率。1945年"二战"结束时,美国人缴获了一批德国U型潜艇和"威廉亲王"号巡洋舰。在检查中发现,这些舰艇上都安装着方向性强、灵敏度高的水听器,可是它们的工作频率仅为30赫兹～15000赫兹。为什么要采用这样低的工作频率呢?经过反复研究后才知道:海水对低频声信号的吸收较小,而且各类舰艇噪声的能量也主要集中在低频范围内,所以采用较低的工作频率就能有效地提高探测距离,使声呐"看"得更远。

很明显,增加声呐发射声波的强度也是提高主动声呐探测距离的有效措施之一。增加发射声波强度的途径主要有两个:一是选用某些合适的材料来制作换能器,提高换能器的发声效率;二是加大换能器的尺寸,提高其方向性,使它发射的声波能量更为集中。如今潜艇声呐的发射声功率最大的已达到兆瓦,水面舰艇声呐的最大发射功率也有几百千瓦。

此外,利用海洋中的多途传播和现代信号处理技术,使声呐能够在较低信噪比或信混比的情况下识别信号,从而增加它的探测距离,已经成为科学家研究的新课题。

96. 怎样才能让声呐"看"得更快？

在实际应用中，人们不但要求声呐"看"得更远，往往还要求声呐"看"得更快。

像雷达一样，声呐也是通过旋转接收基阵来寻找目标并确定目标方位的。可是，现代声呐的接收基阵，有的大如楼房、重达几十吨，在水下要让这样笨重的家伙转动自如，还是十分困难的。很明显，如果接收基阵不能快速旋转，提高声呐的搜索速度也就成了一句空话。

旋转接收基阵之所以能发现目标的方位，那是因为接收基阵具有不同的"指向性"，也就是说，声波从不同方向到达接收基阵时，基阵输出电信号的大小是不一样的。因此，不停地旋转接收基阵直到输出信号最大时，基阵所指的方向就是目标所在的方向。同学们在家看电视或听收音机时，不是也要调整天线的方向来改善接收效果吗？这里面的道理是一样的，只不过目的不一样罢了。

科学家一直在思考，能不能不转动接收基阵，而让它的"指向性"迅速、随意地移动呢？也就是说，在接收基阵静止不动的情况下，能否人工控制其灵敏度最大的方向呢？要是能按人们的要求一会儿这个方向最灵敏，一会儿那个方向最灵敏，不就相当于接收基阵在旋转吗？人们把这个接收灵敏度最大的方向形象地称为接收"波束"。

经过多年的研究和实验，人们终于找到了"人工补偿"的方法来控制接收基阵的"指向性"。这种方法利用电子技术手段补偿声信号到达接收基阵中各个基元时的时间差,从而使接收波束乖乖地移动到既定的方向上。这种方法不仅可以实现接收基阵的"旋转",还可以提高空间扫描、测向的质量。由于接收基阵可同时形成多个不同方向的接收波束,每个波束负责观测一个方向,它们依次排列,布满整个搜索扇面,好像一幅"孔雀开屏图"。各个波束接收到的信号经过分别处理后,通过电子开关轮流地、高速地送到平面位置指示器中,同时在荧光屏上显示出来。很明显,这种声呐不是轮流"看"各个方向,而是同时观察所有方向,当然就"看"得更快了。

97. 计算机在声呐系统中有哪些应用?

随着计算机技术的发展,现代声呐无论是性能还是功能都有很大的进步,计算机已经成了声呐系统中不可缺少的重要组成部分。那么,你知道计算机在现代声呐系统中有哪些典型的应用吗?

波束形成和控制。在声呐系统中,可以利用计算机形成多波束,或者按自动程序对换能器基阵的各个基元

利用计算机处理声呐信号

进行相控,使之形成任意指向性波束,以便对水下立体空间作自动扫描、探测或跟踪多个目标。离开了计算机,声呐的自适应波束形成技术就无从谈起。

目标自动判决。从前声呐的输出信号都是直接送到显示器或耳机,由声呐员根据经验进行判决。可是,声呐在很短的时间内会收到大量的信息,以致荧光屏上往往同时出现许多亮点,究竟哪一个是目标呢?由于声呐员应接不暇,神经比较紧张,因此很容易漏掉目标。如今,在声呐发射几次或十几次脉冲之后,计算机通过复杂的运算和比较,就能作出科学的判断,并将目标的距离、方位和速度等信息用数字的方式直观地显示出来。

目标自动识别。以前对目标类型的识别主要是依靠声呐员的视觉和听觉,这种方法不仅要求声呐员要进行长期、艰苦的训练,而且结果还不十分可靠。现在利用计算机可以对水中目标辐射信号或目标回波信号的波形、幅度、频率、相位等特性进行快速分析,并把它们同存贮在计算机中的样本信号逐一进行比较,从而判定出目标到底是潜艇还是水面舰艇,以及潜艇的型号,再也不会"鱼目混珠"了。

自动故障检测。现代声呐的结构十分复杂,元件和电路的数量相当多,一旦出现故障,用人工方法检查费时费力,根本不能满足现代战争的需要。现在利用计算机检查故障,工作人员只要根据计算机指示的故障代码换上相应的备件,声呐便可立即恢复正常工作,既快又准。

除此之外,计算机还可以广泛应用于声呐设计、声呐员培训、综合管理等许多方面。

98. 为什么要设置岸用声呐站？

所谓岸用声呐站就是设置在海岸边的固定式水下声呐站。你肯定会问,有了灵活机动的舰载和机载声呐,为什么还要设置固定的岸用声呐站呢？

岸用声呐站虽然固定不动,但是它有舰载和机载声呐所无法比拟的优势,那就是它的体积和重量几乎不受任何限制,工作时干扰较少,换能器基阵的尺寸大,工作频率低,功率大,所以探测距离也就远得多。

声呐站

岸用声呐站也有主动式和被动式之分,但以被动式居多。典型的被动式岸用声呐站是这样的:人们将一个个水听器布放在海岸附近的水域中,水听器接收到海洋中的声信号后,通过海底电缆,经由相关接收机传送到岸上数据处理中心。经过复杂的数学运算后,就能确定目标的距离、方位和深度等信息。

由于潜艇降噪技术的发展,现代潜艇的噪声越来越小,因此,人们也研制了主动式岸用声呐站。该系统的工作频率很低,有的甚至低达50赫兹,这样做的目的是为了减少声波的传播损耗,增加探测距离。为了把频率较低的声波集中在很窄的波束里,换能器基阵就必须做得很大，有的甚至比天文台的无线电望远镜还大。由于换能器基阵的发射声功率十分强大，所以主动式岸用声呐站的探测距离比被动式的要大得多。

如果把舰载声呐和机载声呐看作灵活机敏的流动哨，那么，岸用声呐站就堪称不知疲倦的"海洋卫兵"了。

99. 声呐是怎样发现海底石油的？

海洋蕴藏着无穷无尽的宝藏，其中号称"工业血液"的石油储量就很大。已探明的海底石油的总储量达1300多亿吨，约占地球总储藏量的45%，而且还不断有新的海底油田被发现。

要开发海底石油，首先必须进行勘探。勘探海底石油的方法有许多种，其中以反射波地震法应用最广。所谓反射波地震法，就是以声源在水中发射声波，震动海底，并用水听器接收从海底下面各个地层返回的回波，进而根据回波记录来判断地层结构的勘探方法。利用这种方法，研究人员已经探明了许多海底油田。很明显，它实际上就是声呐原理在海洋勘探和开发中的一种应用。

利用反射波地震法勘探海底地层结构的设备通常被称为海底地层剖面仪，简称"地层剖面仪"。根据探测距离的不同，地层剖面仪可分为浅地层剖面仪和深地层剖面仪两种。其中，浅地层剖面仪的工作频率为几千赫兹，常用电声换能器发射脉冲，用拖曳式水听器基阵接收回波，可探测海底以下几十米深的地层结构；深地层剖面仪则采用气枪、电火花声源、电磁声源或爆炸声源等来发射声脉冲。之所以使用这些声源，是因为它们能产生强大的声脉冲,而且能量集中在几十赫兹至几百赫兹的频率范围内。由于声源的功率大,海洋的吸收又小,因此可以透入海底以下的地层深处,一般可以探测海底以下深达数千米的地层结构。

100. 深海石油开发中是如何保证钻井平台稳定的?

深海石油开发中的困难真不少,光是保证钻井平台的稳定就很不容易。大家都知道,开采海底石油必须钻井。如果在水深较浅的浅海大陆架开采石油,可以采用立柱来固定钻井平台,或者用锚链系泊的方法来保持钻井船的稳定。然而,在水深200米~5000米的深海开采石油,上述两种固定方法就不适用了。深海的风、流、浪、涌都比较大,为了能在这种恶劣的海洋条件下安全生产,不致折断钻杆,必须要求钻井船(或平台)的移动距离小于水深的6%。也就是说,在风浪中飘曳的钻井平台与井口要始终保持在同一条竖直线上,不能有太大的偏差,否则就可能折断钻杆。可是,茫茫大海,无边无际,找不到任何参照物,怎么才能知道钻井平台的位置应在何处呢?

海上石油钻井平台

为了解决这个问题,科学家想出了一个绝妙的办法。他们在钻井船底部装上2个声询问器和4个水听器,在海底井口附近设置2个声应答器。下钻作业时,2个声询问器不停地发出询问信号,收到询问信号后,声应答器即发出应答信号,应答信号将由4个水听器接收下来。根据询问信号和应答信号在水中传播的时间,即可测得4个水听器相对于声应答器的距离。由于4个水听器的位置是事先知道的,所以钻井船相对于应答器的位置也就确定了。如果外界条件发生了变化,以致钻井平台移动了位置,4个水听器相对于声应答器的距离就会发生变化。把这些变化量输入计算机中,就能算出钻井平台的位移坐标,还可以进一步算出为了克服这些位移所需要的各个推进器的推力和扭矩。根据计算结果,各个推进器施以必要的推力和扭矩,就能将钻井平台恢复到原来的位置。实际上,这是一个动态的过程,只要外界条件发生了变化,推进器的推力和扭矩就会发生相应的变化,但是钻井平台的位置却能保持相对的稳定。这一技术通常被称为"水声动态定位法"。

人们普遍认为,水声动态定位法的发明,是水声技术对于深海石油开发的重要贡献。现在,水声动态定位系统的定位精度已经达到了水深的3‰左右,完全可以保证深海石油开发的顺利进行。

101. 是谁帮助钻杆重新插入海底井口的?

大家都知道,在钻井作业过程中,常常需要更换磨钝了的钻头。在陆地石油开采中,进行这种更换是轻而易举的;但是在深海石油开采中,就不那么简单了。大家想想,从摇摇晃晃的海面钻井平台上把钻杆重新插入几百米甚至几千米深的海底井口会有多么困难!一方面由于海流的冲击,细长的刚性钻杆也会发生弯曲,甚至剧烈地抖动;另一方面由于风浪的影响,钻井平台的位置总有一些漂移。要保证钻杆能重新插入原来的井口,定位精度必须达到10厘米。这的确不是一件容易的事。

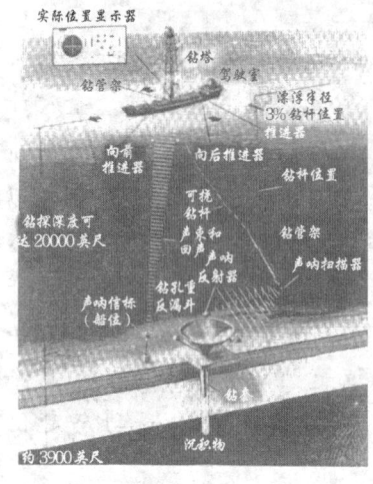

钻杆重新插入井口

但是,利用声呐技术人们已经能够轻松地完成这一工作了。那么,到底是谁帮助钻杆重新插入海底井口的呢?原来,当初钻结束时,人们在井口上放置一个直径约几米的漏斗,将口朝上。这个漏斗的作用有两个,一是引导钻杆重入井口,二是反射声信号。同时,人们在钻杆的头部安装了两个声呐,一个是搜索声呐,另一个是瞄准声呐。当钻杆下放到一定深度时,搜索声呐就开始工作。它不停地向下发射声波,并接收从漏斗返回的回波。回波被清楚地显示在钻井平台的声呐显示器上,操作者据此便可确定钻头的移动方向,并控制钻杆,使钻头接近漏斗。随后,瞄准声呐也开始工作。它向安装在漏斗口上的声应答器发射信号,并把接收到的应答信号送到钻井平台上。"OK!对上了!"一旦从荧光屏上看到钻头已经移动到漏斗的正上方,操作者就会立即发出信号,使钻杆沿着漏斗壁下滑,平稳地插入井口。于是,一次新的钻孔又开始了。

钻杆重新插入井口的过程犹如从直升机上把一根铁丝插入啤酒瓶中一样艰难,真可谓深海中上演的一场既惊险又精彩的"杂技表演"。

102. 为什么潜艇能在冰下航行?

我们知道,极地附近的海面都被厚厚的冰雪覆盖着,在那里要想用船舶来运输物资,必须使用马力很大的破冰船来开道。这种方法不仅费时费力,还不一定行得通。自从潜艇出现以后,人们就想:能不能从冰下航行呢?

这的确是个不错的想法,但是,在冰下航行也有一系列的技术难题,必须认真加以解决。其中最重要的问题就是必须保证潜艇不和冰层或海底发生碰撞,否则就会船毁人亡。

刚刚浮出冰层的潜艇

科学家经过多年的努力,终于研制成功了一种专门观察冰山的声呐。这种声呐发射的是连续调频波,在声呐的荧光屏上可以看到冰山和潜艇相对运动的情况,通过它的喇叭甚至还能听出潜艇和冰山的距离。有了这种先进的测冰声呐,潜艇在冰山很多的海区仍然可以开到15节的速度。

要是再给潜艇配上测冰仪,它还可以测出冰层的厚度。这样,在冰层极薄的地方,潜艇就可以穿过薄薄的冰层浮到水面航行了。

103. 鲸鱼真的会集体自杀吗?

在我国,关于鲸鱼"集体自杀"的记载可以追溯到2000多年前。汉代史学家班固在他所撰的《汉书·五行志》一书中就曾有记载:"成帝永始元年春,北海出大鱼,长六丈,高一丈,四枚;哀帝建年三年,东莱平度出大鱼,长八丈,高丈一尺,七枚,皆死。"这里所说的"大鱼"就是鲸鱼。

事实上,鲸鱼并不会有自杀的本意,更不会有意识地集体自杀,因此对于这种行为的正确说法应该是鲸鱼搁浅死亡。近几十年来,已有10000多只鲸鱼搁浅死亡,其中数目最多的一次就多达835只!鲸目动物中的每一个种类都有搁浅的记载,当然,最常见的还是领航鲸、抹香鲸、伪虎鲸以及其他齿鲸类。

人们正在抢救搁浅的鲸鱼

为什么会出现这种奇怪的现象呢？对此人们作出了种种猜测。有人指出，鲸鱼搁浅的地方多为泥沙淤积的海滩，水深均为10米左右，此类地形极易造成鲸鱼搁浅，称为"地形论"。有人认为，鲸鱼有时会由于贪食，忘记游回深水，所以，在落潮时搁浅，称为"摄食论"。还有人认为，由于鲸的祖先原来生活在陆地，因此上岸搁浅是一种回归祖先的行为，称为"返祖论"。也有人发现，鲸鱼搁浅的地方往往是磁力较低或极低的区域，当沿着磁力较低的路线前进时，就容易搁浅在海滩上，称为"磁力论"。

尽管解释鲸鱼搁浅的猜测有许多，但大多没有充足的证据。科学家通过对鲸的行为、解剖等方面的深入研究，证明它是依靠声呐系统来决定其游动方向的。鲸鱼的声呐所发出的脉冲信号是向上、向前的，只有不时摇动头部甚至改变方向，才能完全了解四周的情况。不幸的是，倾斜的海滩往往会扰乱甚至消除沿表层水平方向进行的回波信号，以致鲸鱼的声呐系统出现假象——认为前面还是汪洋大海，再加上它们迷恋追逐饵物，就会深浅莫测地陷于浅滩却不能察觉。一旦腹部接触到地面时，它们就会惊恐万分，拼命挣扎，在慌乱中冲上海滩而搁浅。

由于鲸鱼喜欢群居，常常结伴而行，所以只要有个别鲸鱼搁浅，其他同伴就不忍离去，结果才会出现集体搁浅的悲惨场面。

104. 尾流是怎样产生的？

当你乘船在大海上航行时，肯定会注意到轮船过后的海面会留下一条长长的"白带子"。人们把舰船开过以后,在水面上留下的"白带子"叫作尾流。可别小看这种尾流,它在海战中的作用可真不小。利用它,人们可以发现敌人的蛛丝马迹;当然,它同样也可能暴露自己。

尾流到底是怎样形成的,它有什么样的特点呢?要回答这个问题并不难,我们可以先装一脸盆水,然后用木棒使劲搅拌,会发现水中有许多气泡,而且长久不衰。事实上,尾流也正是由舰船螺旋桨搅拌出来的各种大小不等的气泡构成的。气泡在水中总是不断上升,大的气泡上升得快,小的气泡上升得慢,到海面上就消失了。尾流中的水经螺旋桨搅拌之后,在较长时间内不能保持稳定,还在不断地翻滚、运动,这就增长了气泡保留的时间。所以,舰船走过之后,尾流还能在水中保留相当长的时间,而不会马上消失。

105. 利用尾流能否发现潜艇的踪迹?

俗话说:雁过留声,兽过留迹。聪明的猎人往往可以根据野兽留下的蛛丝马迹来跟踪猎物,而舰艇的尾流也会给敌方留下可以跟踪的线索。大家已经知道,尾流是由于螺旋桨搅拌出来的各种大小不等的气泡构成的,声呐发出的声波如果遇到这些气泡,就会发生反射。因此,尽管舰船已经不在了,人们还是能发现它曾经来过。

人眼的确很容易观察到舰船的尾流,可是声呐能否探测到尾流的存在呢?水中的气泡、悬浮体的直径比声呐中常用声波的波长小得多。科学家已经发现,比声波波长小许多的小颗粒,反射声波的能力随着物体与波长比的减少按 4 次方下降,也就是说,小物体的反射声波的能力是很弱的。但是气泡和固体不一样,它可能在某个频率上发生共振,而一旦发生共振,在该频率上就会有很强的反射声波,比同样大小的固体反射声波要大几十倍。比如,飞机为了对抗雷达的探测,会投放出大量的铝箔条,这些铝箔条的长度正好在雷达电波的频率上共振,因此能强烈地反射电磁波,以致让雷达错误地以为这些铝箔条就是要寻找的目标,从而放过真正的敌人。尾流中气泡的共振频率一般在十几千赫兹到几十千赫兹之间,正好落在许多声呐的工作频率范围内,能有效地反射声呐信号。所以,即使舰船不在,利用尾流也能发现目标的踪迹。

潜艇

106. 为什么会将自己的尾流当成敌方的潜艇?

由于尾流能强烈地反射声呐信号,所以在战争中可以利用尾流来发现敌方的舰艇。但是,声呐不仅能探测到敌方舰艇的尾流,也会探测到自己的尾流。而且自己尾流的回波和敌方舰船的回波还常常混在一起。

水面舰艇在攻击潜艇时,经常要做曲折迂回的运动。这一过程中,声呐往往会探测到自己的尾流。没有经验的声呐员,往往弄不清哪个是潜艇的回波,哪个是尾流的回波,有时甚至错误地把自己的尾流当成敌方的潜艇,让自己的舰艇跟踪自己的尾流,就像猫咬自己尾巴一样可笑,而敌人的潜艇就会乘机溜掉了。

那么,有没有办法区分自己尾流的回波和敌方潜艇的回波呢?实际上,自己尾流的回波与敌方潜艇的回波是有区别的。因为自己的尾流相对自己是不动的,没有多普勒效应,所以自己尾流回波的频率和发射声波的频率完全一样;敌方潜艇回波的频率则与两艇之间的相对运动有关,回波频率与发射频率有所不同。利用这一特点就能将尾流回波和潜艇回波区分出来。训练有素的声呐员完全有能力区分它们。利用现代信号处理技术,计算机也能做到这一点。

107. 潜艇声呐有什么特点?

潜艇声呐是装备在潜艇上的各种声呐的统称,主要用来对水面舰艇、潜艇和其他水中目标进行搜索、定位、识别、跟踪和进行水声通信等。通常,核动力攻击潜艇装备的各种声呐达15部左右,核动力战略导弹潜艇和常规动力攻击潜艇装备声呐5部~10部。

现代潜艇大多按多站系统设计、配置各种声呐和水声测量设备。典型的潜艇声呐系统由警戒声呐、攻击声呐、探雷声呐、通信声呐、识别声呐、被动测距声呐、环境噪声记录分析仪、声速测量仪、声线轨迹仪和计算机等设备组成,有的潜艇甚至还包括一部拖曳线阵列声呐。系统内,各声呐之间可进行数据传递,有时几部声呐会共用一个换能器或某些信号处理部件,也可以相互配合、共同完成一项任务。通常,这种多站系统还配置了集中显示和操纵的显示控制台。多站声呐系统的突出优点是信息综合性强,便于集中控制,各站功能互相配合,互为补充。

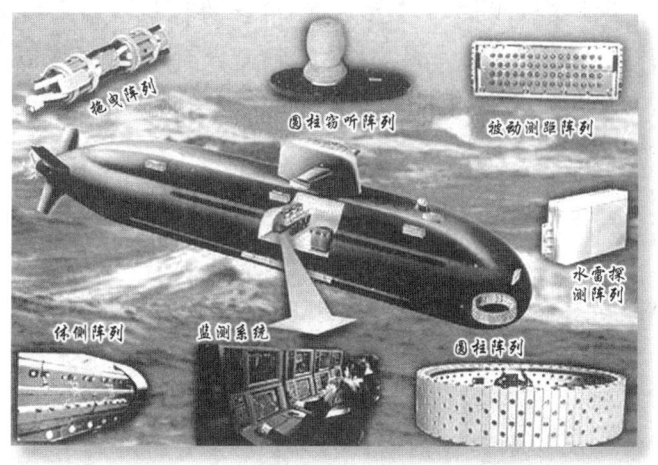

潜艇的声呐系统

通常采用贴镶式的方式来安装潜艇的声呐换能器,即将换能器布设在艇壳表面。贴镶式安装不破坏艇体线型,不占据艇内空间,而且能安装较大尺寸的换能器,提高声呐的收发性能。从20世纪60年代开始,大批核动力潜艇已将有利于声呐工作的艇首空间用来安装大型换能器,而把原来位于艇首的鱼雷发射管移到潜艇的两侧。

为保持潜艇的隐蔽性,潜艇声呐在大多数情况下,都以被动工作方式对水中目标进行警戒、探测、跟踪、识别和定位。只是在鱼雷射击前,以主动方式对水中目标进行定位,为鱼雷射击指挥中心提供目标的精确坐标数据。潜艇声呐系统还不断对所在海区的声传播条件和本艇噪声进行监测和分析,以便选择最佳的战术时机和声呐使用方式。

潜艇上还有一种拖曳式声呐。它是一种游离于潜艇体外的声呐探测设备,是在一条很长的特制绳索上安装了许多个水听器。平时,这种声呐是收到潜艇内部安放的,在使用时用绞盘将它拖出,甩在潜艇后面达数百米。由于这种声呐离艇体很远,因此,受到自身的干扰比较小,可以更好地发现远距离目标。性能先进的拖曳声呐可以在几百千米以外就发现敌人的潜艇或水面舰艇。

108. 潜艇是怎样对付声呐探测的?

声呐是发现水下目标的重要工具,素有"水下侦察兵"之称,它能探测到潜艇在大海深处的一举一动。据统计,第二次世界大战期间,交战双方损失的潜艇有1000多艘,其中绝大部分都是由声呐发现的。

世上的事情总是具有两面性,一方面人们想方设法让声呐更快、更准地发现敌人的潜艇,另一方面人们又希望自己的潜艇不易被人发现。声呐技术正是在这种双方竞争中完善和发展的。

我们知道,潜艇声呐有两种不同的工作方式,一种是自己发射声波进行探测的主动工作方式,另一种是利用目标发出的噪声进行探测的被动工作方式。主动工作方式是声呐自己主动发射声波,当声波遇到目标时,就会产生反射,通过接收和处理这些反射声波来探测目标的方位和距离。由于这种方式很容易暴露自己的位置,所以,只有在对目标进行攻击时才使用。一般潜艇在隐蔽侦察或跟踪目标时多采用被动工作方式。这种方式和主动方式不同,它不发射声波,只是单纯地接收目标在航行时发出的声音,并据此来推算它们的距离和方位。

因此,要想躲过声呐的搜索就必须面对两种不同工作方式的声呐。对付主动式声呐,可用消声瓦或吸音涂层的办法来解决。美国、俄罗斯和英国等不少国家,都在核潜艇的壳体上安装了消声瓦,把吸收对方的探测声波和降低本艇的辐射噪声结合起来,使艇体形成一个良好的无回声层。在壳体表面涂敷吸音涂层也是一种有效的方法,该涂层能明显地减弱或消除反射声波。试验表明,核潜艇采用吸音涂层可使对方主动声呐的反射率降低90％,探测距离缩短68％。有了这些吸音技术,对方声呐发射的探测声波可就是"肉包子打狗——有去无回"了,收不到回波信号,当然也就探测不到目标了。

为了对付被动式声呐,潜艇必须尽可能降低和屏蔽自身的噪声。这件事情,说来容易,实现起来可是困难不少。高速航行的无声潜艇一直是人们的梦想,人们正期待着这一技术的早日实现。

109. 水下航行器是怎样确定自己位置的?

随着科学技术的发展,人们在水下的活动愈来愈频繁。载人或不载人的水下航行器愈来愈多。可是,水下一片漆黑,向上看不见日月星辰,向下看不见地形地貌。从无线电导航台或导航卫星上发来的导航信号又无法到达水中。那么,潜艇、鱼雷、水下机器人或其他水下航行器是怎样确定自己位置的呢?

其实,这些都是由水下声学定位系统来完成的。所谓水下声学定位系统,就是在海洋中利用声波对水面和水中的船舶和设备进行定位的仪器系统。与陆地上的无线电导航系统一样,在水下也可以利用"球面"或"双曲线"导航,只不过信息的载体不是无线电波而是水声信号而已。通常,人们在水下设立3个信标站,这3个信标站的位置是已知的,它们的时钟同标准的时钟同步。各信标站同时发射声脉冲,水下航行器根据收到声脉冲的时间差或相位差就能确

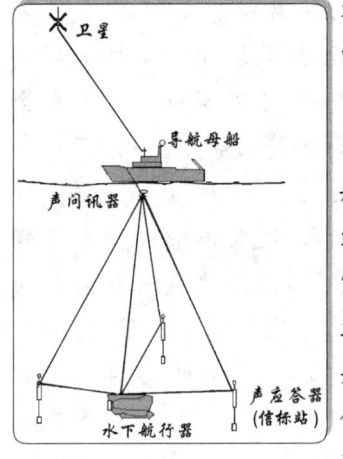

水下声学定位系统

定自己的位置。

实际上,在水下设立的基站也可以不发射声脉冲,而是被动地接收声信号。人们可以在水下航行器上安装一个与岸上标准时钟精确同步的时钟,并让它在规定的时间发射声脉冲。各接收站收到该脉冲信号的时间与水下航行器到接收站的距离有关,换句话说,水下航行器与接收站之间的距离等于水中声速与传播时间的乘积。对每

一个接收站而言,以该距离为半径的球面都是水下航行器可能的位置。很明显,3个球面的交点就是水下航行器的确切位置。

110. 水下导航定位系统的种类有哪些?

水下导航定位系统根据其作用范围的不同可分为长基线定位系统、短基线定位系统、超短基线定位系统和动态定位系统等四种。

长基线定位系统是在海底距离较远,且不成直线的3个或3个以上的点布设基站,基站可以主动发射声脉冲或被动接收声信号,然后根据"双曲线"或"球面"定位原理,对海面或水中目标进行定位。布设基站前,先由卫星定位系统确定母船的位置,再根据母船的位置确定每个基站的坐标,然后用此坐标为待定的船舶、平台或水下航行器定位。

短基线定位系统基线长度较短,相对位置固定,通常装在船舶或平台上,工作原理与长基线定位系统相同。超短基线定位系统基线长度小于发射声波波长,由船舶或平台放入水中,根据装在待定位设备上的信标发出的声波到达每个基站的信号相位差,可以测出其方位与距离。

动态定位系统是利用短基线定位原理,保持勘探或开采的船舶、平台等与海底设备、井口间相对位置稳定的系统。当船舶、平台由于流、风、浪等的影响,偏离原有位置时,可先用短基线定位系统测出偏差,然后经计算机运算,控制操纵船舶、平台运动,直至偏差最小为止。此系统可广泛用在海底石油和天然气勘探、开采中。

111. 什么是水声遥感遥测系统？

在空气中，人们通常利用无线电、微波或红外线进行遥感遥测；但是，在海洋中它们衰减得都很快，不能传播很远的距离，因此在水下就不可能利用它们实现遥感遥测。那么，在水下到底能不能实现遥感遥测呢？

原来，声波在海水、海底介质中的衰减速度远小于各种类型的电磁波，可以在海洋中远距离传播，因此，利用水声信号可以实现水下遥感遥测。所谓水声遥感遥测系统就是指利用声波在水下远距离测量海水、海底参量的系统，或利用声波将在水下测得的数据传至水面的系统。根据测量参数或测量方法的不同，水声遥测系统可以分成很多种，例如，回声测深仪和鱼群探测仪等。除直接利用水声方法测量海洋参数的系统外，将水下传感器测得的数据经过编码再通过水声信道传至海面，然后解码得到水下各种信息的系统，从效果上也应归入水声遥测系统内。现在，水声遥感遥测系统已经成为海洋研究和开发中的重要手段了。

美国的考察船

112. 鱼探仪是怎样发明的?

多少年来,人们在哪里捕鱼、在哪里撒网都是靠渔民世世代代传下来的经验。不走运的渔民,可能从早忙到晚,却网网落空,失望而归。只有在鱼探仪出现以后,人们才真正知道哪里有鱼,有多少,才能根据鱼群分布的情况有目的地下网捕鱼。

别看鱼探仪的功能这样神奇,可是它的发明却十分偶然。人们在使用回声测深仪测量海深时,一些细心的航海家发现在记录纸上除了海底反射信号外,还有一些星星点点的黑斑。这些黑斑是什么?是仪器出了毛病,还是水中有什么东西?经过反复研究之后才发现,这些星星点点的黑斑原来是由鱼群反射回来的声波引起的。根据这一现象,科学家们提出了大胆的设想。经过一段时间的研究,他们对回声测深仪作了一些改进,形成了今天的垂直鱼探仪。这种鱼探仪可以探测到声呐换能器下方垂直海域内的鱼群分布情况。

在第二次世界大战中经常出现一种奇怪的事情,就是通过声呐明明发现了敌人的潜艇,可是开火击中后才发现那不是潜艇而是鱼群。那时,错把鱼群当潜艇的事情真是屡见不鲜。"二战"结束后,人们就开始试验利用军舰上的声呐来探测鱼群。最早将声呐用于渔业生产时是用来探测和跟踪个体巨大的鲸鱼。后来,经过不断的改进,才形成了现在的水平鱼探仪。这种鱼探仪可以探测到鱼群的水平分布情况。

113. 为什么鱼探仪会知道水下有没有鱼群？

鱼探仪是鱼群探测仪的简称，它是一种专门用来探测水下鱼群分布情况的电子设备，通常安装在渔船上。在渔船航行的过程中，它不停地发射声波，并根据海洋中的回波信号来判断鱼群的有无、大小、位置和种类，以便提高渔业捕捞的产量。

真奇怪，鱼探仪是怎么知道水中鱼群分布的情况呢？原来，鱼体外面那层坚硬的鱼鳞以及鱼腹内充满空气的鱼鳔，都是声波的良好反射体。它们能强烈地反射声信号，所以，根据反射声波的情况就能判断水下有没有鱼，有多少鱼，以及它们离渔船有多远。

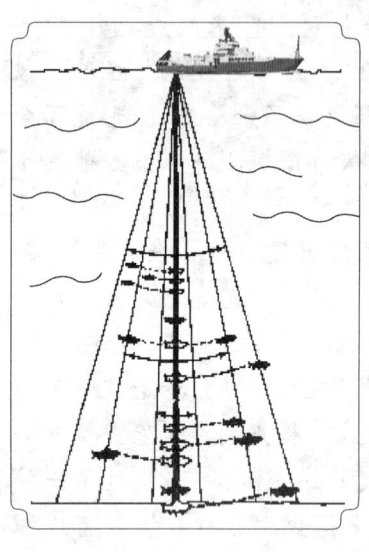

利用声呐探测鱼群

在海上捕捞作业中，鱼探仪的换能器会不停地向水中发射声脉冲，并接收海洋中的各种反射信号，这些反射信号经过分析处理后可直接用显像管显示出来，或者记录在热敏纸上。人们根据发射脉冲与回波脉冲的时间间隔测定距离，根据回波的灰度和图形大小来判断鱼群的大小，再根据灰度、深度和运动规律等来综合判断鱼群的种类。通常，鱼群探测仪的工作频率为数十千赫兹，作用距离1海里左右。

114. 垂直鱼探仪有什么特点？

所谓垂直鱼探仪就是将换能器安装在船底，工作时向下垂直发射声波并接收鱼群回波的鱼探仪。它能探测到声呐换能器下方垂直海域内的鱼群分布情况。实际上，它是回声测深仪的"孪生兄弟"，是由回声测深仪改进而成的。这种鱼探仪不仅可以探测出鱼群的位置，也能探测到鱼群的大小和密集程度。

渔业生产活动示意图

中、小功率的鱼探仪具有体积小、重量轻、耗电少等特点。大功率鱼探仪的电功率已达到10千瓦量级，探测深度在千米以上。此外，人们还根据不同的需要，研制了多种用途的垂直鱼探仪。例如，双频鱼探仪能够分别或同时发射高低两种不同频率的声波，用频率为几百千赫兹的低频声波探测对虾和小鱼，用几十千赫兹的高频声波探测其他鱼类。

近年来，又出现了具有较强目标识别能力的彩色鱼探仪。它采用先进的电子技术，在荧光屏上以16种颜色表示强弱不同的目标回波。反射最强的海底被显示为红色,海水显示为蓝色,海中其他各类物体则按其回波的强弱,分别用灰、白、黄、绿等颜色来表示。例如,密度大的鱼群显示为接近红色、橙色,而密度小的鱼群就显示为近乎白色、铜绿色等。由于彩色鱼探仪具有十分直观的显示效果,因而深受广大渔业工作者的喜爱。

115. 水平鱼探仪的优势是什么?

垂直鱼探仪虽然能有效地探测出鱼群的分布,但是,它只能"看"到船底下面的鱼群,搜索效率不高,而且,发现鱼群后再回过头来捕捞时,鱼群或许早已逃之夭夭了。有时,渔轮正好从大鱼群的外围驶过,而垂直鱼探仪却误认为没有捕捞价值,以致错失良机。相比之下,水平鱼探仪的效果就要好得多,它能发现渔轮前方一定海域内的鱼群。

水平鱼探仪是由潜艇的声呐改进而成的,通常安装在渔轮的船首,沿水平方向向前辐射声波,因而能够及时发现渔船前方大范围内的鱼群,使渔民有足够的时间准备和下网,从而大大地提高了捕捞的准确性和可靠性。

水平鱼探仪有单波束和多波束之分。单波束水平鱼探仪就是一种探照灯式声呐。它的换能器向前发射一束聚焦良好的波束,一次只能探测一个较小的范围,因而必须借助于机械扫描装置才能实现大范围内的鱼群搜索。与单波束水平鱼探仪不同,多波束鱼探仪不需要机械扫描装置。它的换能器能形成12个波束,覆盖90°扇面,只要控制这些波束轮流发射声波,然后接收回波就能实现大范围的鱼群搜索。由于多波束鱼探仪没有复杂、繁重的机械装置,所以配备这种鱼探仪的渔轮就要机动灵活一些,作业效率也明显提高。

116. 你知道什么是接力探鱼法吗?

由于水平鱼探仪和垂直鱼探仪都存在某种程度的局限性,于是,人们就想能否将它们结合起来"接力"使用,以确保探测的及时、准确。实际上,在拖网作业中,人们已经开始采用了这种先进的接力探鱼法。

什么是接力探鱼法呢?原来,人们在渔船的头部、中部以及拖网上分别装上了水平鱼探仪、垂直鱼探仪以及网位仪。当水平鱼探仪发现远方有鱼群后,便引导渔船全速驶向渔区。并且,它的换能器随着渔船渐渐接近鱼群而慢慢下沉,跟踪鱼群,一旦鱼群进入渔船下方区域,则由垂直鱼探仪继续进行跟踪、监视。这样一来,渔民既可以从水平方向探知鱼群的分布范围,又可以从垂直方向探知鱼群的厚度。网位仪也是一种用于捕鱼的水声设备,具有检测网口大小和鱼群进网情况,确定拖网离开海底和海面的距离等功能。下网后,网位仪便同时向上、向下发射和接收声波,以对渔网位置、网口大小、鱼群进网情况等进行实时检测,并将测得的结果以声波的形式发回渔船。

由此可见,现代化的捕鱼技术已经做到了从发现鱼群到鱼群落网的整个过程都在渔民的监视之下进行,真正实现了瞄准捕捞的目的。被发现的鱼群犹如瓮中之鳖,还能往哪里逃呢?

117. "声发"的特殊用途是什么？

"声发"是一个英语缩写词的音译，意思是"声学定位和测距"。声发系统是由海岸站、水听器和信号弹三部分组成的，其中，水听器被设置在水深 700 米左右声道轴附近。

声波在深海声道中能传播很远的距离。实际上，深海声道中的声道轴就是声速最小的地方，因此沿声道轴传播的声波走得最慢，但它携带的能量最多，走的路径最短，衰减也最小。

开发声发系统的主要目的是用于海上救难。人们在深海声道轴处的大陆坡和若干个岛屿上设置数个声接收站，当航行于太平洋或大西洋上的船只和飞机出现故障时，它们随身携带的信号弹就会自动弹出，沉入海中。当信号弹降到深海声道轴附近时，就会自动爆炸。爆炸声就像骏马一样，在深海声道中疾驰飞奔，向各接收站告急。各接收站的水听器会把接收到的信号通过海底电缆传送到海岸站。海岸站测出爆炸声到达各接收站(至少 3 个接收站)的时间差，并且运用双曲线定位法，就能迅速而准确地确定遇难目标的位置，从而采取必要的救生措施。

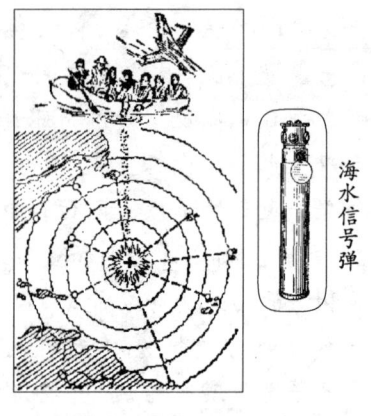

利用声发系统进行海上救难

海水信号弹

在第二次世界大战期间，许多在海洋上空被击落的飞行员都是靠声发系统获救的。除了用于海上救难外，该系统也可以用于水下预警、导航、大地位置测量以及海洋环境预报等方面。

118. 声呐会干扰海洋动物的正常生活吗？

你肯定有过被周围嘈杂的噪声吵得心烦意乱的时候。的确，噪声已经成为影响人类生活的首要公害之一，它严重地干扰了人们正常的学习和生活。那么，人们在开发海洋、利用海洋和保卫海洋的过程中，使用声呐等水声设备所产生的噪声是不是也会影响海洋动物的正常生活呢？

对此，环境保护主义者与海军之间一直争论不休。许多科学家都认为，鲸以及其他海洋哺乳动物是靠它们的听觉来导航的，而海军的声呐系统常常发射高分贝音频信号，对海洋动物而言这些声音就是一种严重的噪声，这些噪声能够破坏海洋动物的听觉系统，使其丧失生存能力。据了解，某些新型声呐系统发出的声音比波音747飞机起飞时的噪声还要高出许多倍呢。

1996年，当北约海军部队在希腊近海进行大规模军事演习时有12头鲸鱼在附近海滩搁浅。

2000年3月，在巴哈马群岛海域发现6头死去的鲸鱼，另有14头鲸鱼在这里搁浅，而在那之前的一天，美国海军曾在那里进行了高强度的声呐试验。经过对死亡鲸鱼的解剖分析，专家们发现这些鲸鱼的耳部严重受创。

事实证明，以声呐为代表的人造噪声已经成为海洋动物的新杀手，这不能不引起人们的高度重视。可喜的是，经过多方面的努力，美国海军已正式宣布停止其高音量声呐试验，以避免伤害鲸一类的海洋动物。

海洋物理

奇光异彩的海洋光学

119. 你知道光是什么吗？

没有月光的夜晚，常常是漆黑一片，伸手不见五指。黑夜过去，太阳出来了，阳光洒满大地，一个色彩斑斓的世界又出现在人们眼前。为什么会有这两种截然不同的情况呢？问题的关键就在于有没有光照。

的确，光的作用十分重要。人们看得见它，却又摸不着它，那么，光到底是什么呢？通常人们所说的光是指可见光，它是一种能引起人们视觉反应的电磁波，波长范围在 0.39 微米～0.77 微米之间，波长更长或更短的电磁波都不能引起人们的视觉反应。除了太阳、灯泡和蜡烛等少数物体能发光外，自然界中的绝大多数物体是不能发光的，但是它们能不同程度地反射光线，人们正是通过反射光线才能看到那些不发光的物体的。要是没有照明光源，就不会有反射光线，人们也就不可能看见那些不发光的物体。

如果从最广泛的意义上讲，光还包括其他各种波长的电磁波。现在我们知道，光的最长波长在 $3×10^7$ 米左右，而最短波长在 $3×10^{-15}$ 米左右。在整个电磁波谱中，比较重要的有无线电波、微波、红外线、可见光、紫外线、X 射线和 γ 射线等。

120. 光学到底研究哪些问题？

这个问题的答案，古今存在着很大的差异。过去，人们认为光学只研究跟眼睛和视觉相联系的事物，也就是说，光学是关于光和视觉的科学。而今天，光学不再局限于上述范围了，它是研究从微波、红外线、可见光、紫外线直到 X 射线的宽广波段范围内的电磁波的产生、传播、接收和显示,以及跟物质相互作用的科学。当然,着重研究的频率范围还是集中在从红外到紫外的波段内。

根据研究方法的不同,通常把光学分成几何光学、物理光学和量子光学等。几何光学是利用"光线"的概念,以折射和反射定律来研究光在各种介质中传播规律的学科,放大镜、望远镜等都是几何光学研究的成果;物理光学是从光是一种"波动"出发来研究光在传播过程中所发生的现象的学科,它研究光的干涉、衍射、偏振以及在各向异性媒质中传播所表现出的现象;量子光学认为光能并不像电磁波理论所描述的那样把能量分布在波阵面上,而是集中在所谓"光子"的微粒上,但这种微粒仍保持着频率的概念,不同频率的光子具有不同的能量。

121. 是谁第一个证明了光速是有限的?

人们通常所说的光速是指真空中电磁波的传播速度。真空中电磁波的传播速度是一个非常重要的物理量,由于人们最先是通过测量可见光的传播速度而得到电磁波的传播速度的,因此习惯地称之为光速。目前,国际公认的真空中的光速是 299792458 米/秒。

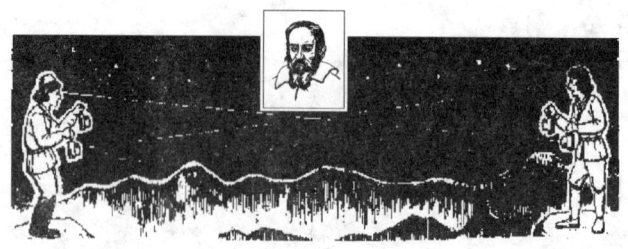

伽利略和他的测光速实验

17世纪前,天文学家和物理学家都认为光速是无限大的,宇宙中恒星发出的光瞬时就能到达地球。但是,意大利物理学家伽利略对上述观点提出了怀疑。为了证明光速是有限的,他在1600年前后曾做过粗糙的实验,但是没能获得成功。

1676年,丹麦天文学家罗默利用观测木星第一卫星星食时间的变化,首次证明了光速的有限性。由于木星和地球的运动周期不同,所以木星和地球之间的距离在不断变化。当时已经知道,两者之间的最大距离与最小距离之差等于地球运动轨道的直径。经过长期的观测,罗默发现卫星星食变化周期为13个月。13个月正好是地球从距离木星的一个最近位置运行到下一个最近位置所需要的时间。根据这些,人们可以估计从一个最近位置开始6.5个月后,即地球到达与木星最远距离时,发生星食的时间。可是实际观测结果表明,估计的时间有22分钟的偏差。经过仔细分析后,罗默认为这是因为光飞行需要一定的时间引起的,也就是说,光速不是无限的而是有限的。不幸的是,当时并没有人接受这种解释。

1727年,英国天文学家布拉得雷观测到光行差现象,即星的表观位置在地球轨道速度方向上的位移。根据光行差角,可以估算光速的大小。这项独立观测的结果,使得科学家确认了罗默提出的光速有限的观点。

此后,科学家又发明了许多测量光速的方法,而且测量精度不断提高。

122. 光在水中能跑多快?

光在水中的传播速度是多少呢?是不是也像在真空

中一样跑那么快呢?

科学家发现,光速的快慢与传播媒质有关,并不是在任何媒质中都能跑这么快,比如在水或玻璃等媒质中,光速就相对要小一些。实测表明,纯水的折射率为1.33,光在其中的传播速度约为225408千米/秒;普通玻璃的折射率为1.5,光在其中的传播速度约为199862千米/秒。可见,折射率不仅反映了不同材料对光的折射能力,同时也表明了光在其中传播速度的快慢。具体来说,折射率越大的媒质,光在其中的传播速度就越小。

123. 光波和无线电波有什么共同之处?

大家都知道,收音机可以接收无线电广播,微波可以传送电视节目,医院里常用紫外线消毒、X射线透视。可是你知道吗?不管是无线电波、微波,还是紫外线、X射线,都和光波一样,属于电磁波这个大家族。

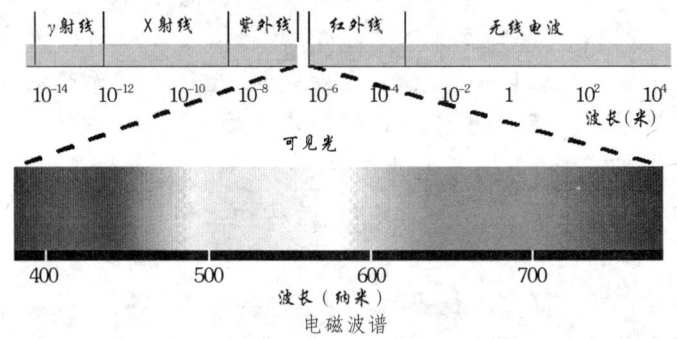

电磁波谱

1871年,英国物理学家麦克斯韦发表了著名的麦克斯韦方程组,推算出电磁波的速度和光速完全一致,并认为光的本质是电磁波,后来这一学说被称为光的波动学说。波动学说认为,光和无线电波、X射线等一样是电磁波,区别只是它们的波长不同。从波长上来讲,由大到小的顺序是无线电波的长波、短波、微波,然后到红外线以及人眼能看到的可见光(红、橙、黄、绿、青、蓝、紫),接下来是紫外线、X射线、γ射线等。波长最长的能达到 3×10^7 米,波长最短的只有 3×10^{-15} 米,可见光只是整个电磁波波谱中很小的一部分。

虽然说电磁波是一个庞大的家族,但是家族的成员各有特色,不同波长的电磁波在其产生、传播和作用效果等方面都存在着明显的差异。例如,整个电磁波谱中只有波长在 0.39 微米～0.77 微米之间的部分能够引起人们的视觉反应,其他波长的电磁波就没有这一功能。

124. 为什么会有五颜六色的光?

自然界里的色彩丰富多样,有红的花朵,绿的森林,还有金黄的麦田,蔚蓝的天空……可是,为什么会有这些五颜六色的光呢?原来,这些不同颜色的光实际上是因为电磁波的波长不同而引起的。科学家发现,不同波长的可见光给人不同颜色的感觉,比如波长为 6000 埃左右的光是红色的,波长为 5600 埃左右的光是黄色的,而波长为 5000 埃左右的光则是绿色的。

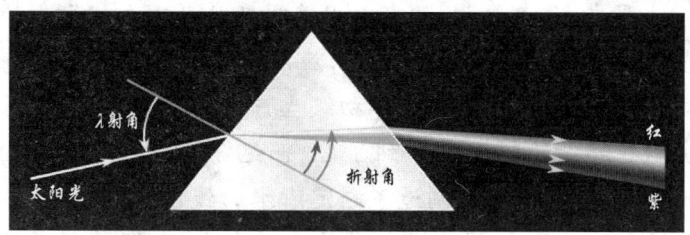

牛顿三棱镜分光实验

如果把这些单一颜色的光按不同比例混合,就能得到更加丰富的颜色。比如将等量的红光和绿光混合,就能得到黄光,如果改变红光和绿光的比例,那么得到的黄光的色调就会有所不同。如果把红、橙、黄、绿、青、蓝、紫七种颜色按一定比例混合,就可以得到白光。实际上,我们经常见到的白光如太阳光、白炽灯光等,就是由七种颜色的光组成的。为了说明这个问题,牛顿做了两个十分简单而有趣的实验。首先,他让白光通过一个三棱镜,再投射到白色的屏幕上,结果发现白光变成了一条色彩鲜艳的七色彩带,就像是雨后的彩虹。这就是著名的牛顿三棱镜分光实验。另外,他在一个白色圆盘上,分别划出七个扇形,按顺序涂上红、橙、黄、绿、青、蓝、紫七种颜色,然后让这个圆盘慢慢转起来,随着转速加快,结果发现圆盘上的七种颜色慢慢不见了,最后变成了一个白色的圆盘。后来,人们为了纪念这个伟大的科学家,就把实验中的七色圆盘称为"牛顿色盘"。

125. 海洋光学是怎样发展起来的?

今天,海洋光学的许多研究成果已经成为人类研究海洋、开发海洋和利用海洋的重要手段。

早在19世纪初,就有人用透明度盘目测自然光在海水中的垂直衰减。19世纪末,海洋学家开始注意研究海洋的光学性质,并结合海洋初级生产力的研究,用光电方法测量海洋的辐照度。到了20世纪30年代,瑞典等国的科学家率先设计、制造了测定海水的线性衰减系数、体积散射系数和光辐射场分布的海洋光学仪器,并利用这些仪器进行了一系列的现场测量。从第二次世界大战到20世纪60年代中期,是海洋光学的发展时期:1947—1948年,瑞典科学家在乘"信天翁"号船进行环球深海调查中,首次将海洋光学调查列入重要的海洋调查计划,并测量了大量的海水光学参数;1950—1952年,丹麦人在环球深海调查中,开始研究海洋的初级生产力和光辐照之间的关系;1957—1958年,在国际地球物理年的调查中,测量了北大西洋的水文要素和光学参数,并研究了它们之间的相互关系;美国、前苏联、法国等国随后相继建立了实验基地,详尽研究海水固有的光学性质和海洋表观光学性质之间的关系;美国普赖森多费尔提出了比较系统的海洋光学理论,发展了海洋辐射传递理论;一些学者还对水中能见度理论、海洋光学测量模型、光辐射场与海水固有光学性质之间的关系,进行了比较系统的研究。

20世纪60年代中期以后,随着现代光学、激光、计算机科学、光学遥感和海洋科学的发展,海洋光学得到了进一步的发展,特别是结合信息传递的要求,用蒙特卡罗方法较好地解决了激光在水中的传输、海面向上光辐射与海水固有光学性质之间的关系等问题,使海洋光学从传统的唯象研究转入物理的和技术的研究。

126. 海洋光学的研究内容是什么?

海洋光学是研究海洋的光学性质、光在海洋中的传播规律和运用光学技术探测海洋的科学。它是海洋物理学的分支学科,也是光学的分支学科。具体来说海洋光学的研究内容主要包括以下几个方面。

(1) 海面光辐射研究：主要研究日光射入海洋后，经过辐射传递过程所产生的、由海洋表层向上的光谱辐射场。它是光学遥感探测海洋的主要信息来源，是建立光学海洋遥感模型的重要依据。

(2) 水中能见度的研究：主要研究水中的视程和图像在水中的传输问题。由海洋辐射传递方程出发，可导出水中对比度传输方程和水中图像传输方程，用以研究水中的图像系统。

(3) 激光与海水的相互作用：主要研究激光在水中受到的散射、吸收及其所遵循的传输过程。20世纪70年代以后，对海水激光荧光和海水受激喇曼散射的研究，为激光测水深、海水的化学分析和海洋的温度、盐度按深度分布的研究，打下了基础。

(4) 海洋水体的光学传递研究：用线性系统理论研究海洋水体对光的散射和吸收的过程。主要研究海水点扩展、海水光学传递与海水固有光学参数的关系。它是建立海洋激光雷达方程和水中图像系统质量分析的重要依据。

127. 太阳光对海洋有哪些影响？

太阳光不仅给人类带来了光明，也带来了温暖，就连人们所吃的食物，如粮食、蔬菜、水果等，也同样离不开太阳光的照耀。那么，对于海洋来说，太阳光有什么作用呢？

首先，太阳光可以使海洋动物和潜水员在水下也能看见东西，要是没有太阳光的辐射，即使是在浅海中也只

海洋物理

能是漆黑一片,美丽的海底世界也就不复存在了。其次,太阳光还会影响海水的温度、海流和海水的蒸发等。由于进入海面和水下不同深度光线的能量有所不同,海水的温度也就不均匀了。可别小看太阳光对海水温度影响这个问题,它可是直接影响到海水流动以及海水分布的重要因素呢。另外,太阳光还是海洋植物进行光合作用的必要条件,它调节着一切海洋植物光合作用的速度,而这些海洋植物又是所有海洋动物直接的或间接的食物来源。

因此,太阳辐射不仅影响着海洋植物的生长和分布,对海洋动物的生活、繁殖和洄游也有重大的影响。

128. 海洋可以吸收多少太阳能?

同学们已经知道,海洋占地球总面积的71%,那么,是不是可以说,太阳辐射到地球的总能量的71%被海水吸收了呢? 这倒也不是,因为海水是一种半透明的介质,太阳光到达海面时一部分被海面反射,另一部分经折射后进入水中,所以,到达海面的太阳能并不会被海洋全部吸收。

海洋的不同区域对太阳能的吸收和反射是不同的,平均来说,海洋的反射能力约为35%。在热带地区,海洋对太阳辐射的吸收最大,约为90%,相应的反射约为10%,这主要是因为热带的天空通常无云,而且光线几乎是垂直入射的。与热带相反的是,北极地带是反射能力高而吸收能力低的地区,因为北极地带海面几乎全年覆盖着冰层,天空经常多云,光线也是接近平行地入射到海面。在北极地区,太阳辐射的60%以上,有时甚至是80%会被海洋表面的白色冰雪反射回来。因此,北极海水的温度比较低,积雪也不易融化,有些地方甚至长年被冰层覆盖。

129. 太阳辐射能到达海洋底部吗?

实际上,入射到海洋表面的太阳光,一部分被反射回空气中,一部分折射到海洋中,也就是说,只有一部分太阳辐射能进入大海。进入海水中的太阳光,受到海水的作用将严重衰减,所以它不可能传播得很远。即使是在最纯净的水中,这种衰减也是很厉害的。引起衰减的原因有两个,一个是吸收,另一个是散射。

海面上的阳光

光能在水中损失的过程就是吸收。其实,吸收也存在不同的物理过程:有些光子是在它的能量变为热能时损失的,有些光子被吸收后由一种波长的光变为另一种波长的光。而发生散射时,光子并没有消失,只是光子前进的方向发生了变化,不再是向下传播,这样一来能够到达海洋深处的光线也就减少了。研究表明,60%以上辐射来的太阳能是被海水表面厚度为1米的表层水所吸收的,而80%以上辐射来的太阳能是被10米深的表层水所吸收的,只有1%的光线能到达100米的深度。所以,除了浅海,太阳光根本无法到达海洋的底部。

没有阳光的深海,给人类探索海洋、开发海洋增添了许多的困难,比如在深海作业时,人们必须使用人工光源照明。当然,人类凭借自身的智慧,将阳光引进到深海里也不是不可能的。据报道,日本人已经利用光纤成功地将阳光引到了浅海海底,以增加海洋牧场中的光照量。

130. 阳光穿透海洋的最大深度是多少?

你是不是经常去爬山?有没有感觉到山顶与山脚的阳光有什么不同?其实,在陆地上高度相差几百米的地方光强是不会有太大差别的。那么,海洋中的情况是不是与陆地上一样呢?

由于阳光在海水中的衰减要比在空气中大数千倍,所以海洋中的情况就有所不同,海洋表面和海洋深处的光强相差很大,而且这种差别和太阳的位置、不同的海域等因素密切相关。通常,太阳光只能到达水下几米或几十米深的地方,但在太阳当顶和大气条件理想的时候,在某些清澈的海域太阳光也能达到几百米的深处。例如,在大西洋的亚速尔群岛海域,人们发现在500米深处还能观察到微弱的蓝绿光,在800米深处还能看到非常微弱的、蓝色的光。

上面只是用肉眼观察到的情况,而用仪器记录到的阳光穿透海洋的最大深度大约是1000米,当然此时只有极少量的紫外线了。科学家发现,在深度大于1000米的地方,即使将灵敏度很高的感光底片曝光两个小时,也丝毫觉察不出光线的存在。所以,我们说阳光能穿透海洋的最大深度是1000米左右。

131. 阳光穿透海水的深度由哪些因素决定？

很明显，阳光穿透海水的深度主要受以下几个因素的影响，即到达海面光线的强度、进入海水中光线的强度和海水对光线的衰减程度等。决定海水衰减程度的主要的因素是海水的混浊度，即悬浮在海水中的固体微粒量，包括沉积物和微生物。海水中的小颗粒越大越多，微生物越多，海水就越混浊，阳光穿透海水的深度就越小。

另外，太阳在地平线上的高度也具有很大的影响，它不但决定了到达海面光线的强度，还决定了入射的角度。比如，正午的太阳光最强，而且又是垂直入射，所以正午的阳光穿透海水最深。当然，天气条件和辐射的波长也起着重要的作用。谁都知道，阳光在万里无云的晴天要比乌云密布的阴天更容易到达海面，自然进入海水的光线也就更多，穿透的深度也就更大。还有一个重要的因素，那就是由于海水对不同波长光的吸收能力不同，具体来说，在海水中长波部分衰减较快，短波衰减则

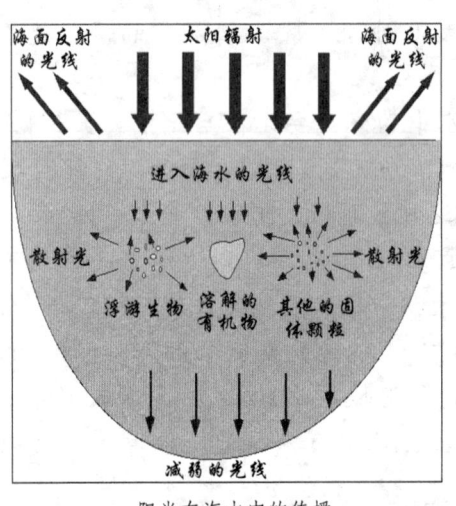

阳光在海水中的传播

比较慢,也就是红光衰减得比较快,蓝绿光则衰减得比较慢,所以不同颜色的光线穿透海水的能力也不相同。

132. 潜水员看到的太阳光是什么颜色?

生活中,人们对于太阳光是非常熟悉的,在很多的文学作品里,阳光还被说成是金色的。可实际上,太阳光是白色的,透过三棱镜,太阳光可以被分解为红、橙、黄、绿、青、蓝、紫七种单色。那么,在海水中,太阳光又是什么颜色呢?

当阳光照射到海面时,有少部分的光线会被海面反射、散射回去,其余大部分都入射进入海水中,向水下传播。由于海水的吸收和散射,光线在由上向下传播的过程中会变得越来越弱,并最终消失得无影无踪,这就是海水的吸收。科学家还发现,海水对不同波长光的吸收能力不同,具体来说,在海水中长波部分衰减较快,而短波衰减则比较慢,也就是说,红光衰减得比较快,蓝绿光衰减得比较慢。因此,在海水中不同深度的地方看到的太阳光会有不同的色调。对此日本科学家沼田贞三曾经做过仔细的观察,他发现:当水深为 6 米时,太阳光像秋天的天空一样为蓝白色;当水深为 20 米时,太阳光会失去红色的成分;水深为 30 米时,太阳光变成了绿色;水深为 50 米时,太阳光变为嫩绿色,而且有近于黄昏的感觉;水深为 60 米时,太阳光变为蓝黑色;到水深为 70 米处,太阳光呈昏黑色;当水深达到 100 米时,周围就变成了一片漆黑,几乎看不到一点阳光了。

133. 为什么物体在水上和水下的颜色不同？

如果你拿一个色彩鲜艳的玩具，把它放在深水中观察，你会惊奇地发现：不仅所有的颜色都有所减弱，而且有几种颜色甚至会完全不见了，你看到的几乎是一个与原来颜色完全不同的物体。你知道这是为什么吗？

要回答这个问题，我们先必须弄清楚物体的颜色是怎样产生的。不发光的物体在没有光照的情况下就是黑的，在日光的照射下该物体吸收其中一些波长的光线，而反射其他一些波长的光线，因而表现出某种特定的颜色。同一个物体在不同光源的照射下往往会有不同的颜色。你们肯定已经发现，一个白色的物体在红光照射下会变成红色的，而在蓝光照射下又会变成蓝色的。

我们知道，水面上的阳光是白色的，而水下阳光的颜色则与海水的深度密切相关，所以同一个物体在水上和水下的颜色会有所不同。如果将一个红色的物体，放到较深的海水中，你会奇怪地发现它变成了黑色的，这是因为该物体能吸收红光以外的其他颜色的光，而海水正好又吸收了红光，所以，该物体在较深的海水中就只能是黑色的。当然，在浅海透明海水中的黄色和暗蓝色物体还将保持它们原有的颜色不变。

134. 什么颜色在水中最容易被辨认？

实际上，人眼对不同颜色的敏感程度是不一样的，日常生活中人们常用那些最为敏感的颜色制成各种信号灯、指示灯或报警器等。那么，在水中的情况也一样吗？在水中人眼对什么颜色最敏感呢？

在水中,尽管人眼最敏感的颜色没有什么变化,但是由于海水的吸收,人们看到的颜色和物体的实际颜色是有差别的。实验表明,在自然光照明的情况下,如果背景是水,则对于在最远可观察距离附近的目标物来说,在港口附近的混浊水中最容易辨认的颜色是白、黄、橙和红色,而在外海水中则是黄、绿、蓝、橙色。有荧光涂料时,港湾中最容易辨认的颜色是橙色,沿岸水是绿色和橙色,而外海水则是绿色和白色。

因此,海岸和海上工作人员使用的救生衣一般都选用橙黄色,除了比较容易识别以外,它还可以避免鲨鱼的侵害呢。

135. 光在水中传播为什么会发散开?

如果你用一支手电筒在水下照明,就会发现,光束不是细细的一束,而是很快就发散开来,能照亮很大的一个区域。这是为什么呢?

原来光在水中传播时会发生散射。简单地说,就是有部分光偏离了原来的传播方向,所以原本是细细的一束,却变成了亮亮的一片。在水中,引起散射的主要因素有两个,一个是水中的悬浮颗粒,另一个则是海水本身。

光线被散射后,会向各个方向传播,其中与原入射光束方向夹角小于90°的称为前向散射,而经散射后传播方向与原入射光束夹角大于90°的称为后向散射。如果照明的距离比较远,散射的光线就会大大超过直射光线,甚至仅有散射的光才能达到接收区域,从而增加了照明的范围。虽然有时这种现象有益于潜水员和水下摄影者,但是，大多数情况下散射现象的存在都将影响成像质量，缩短观测距离，严重干扰水下观察与水下摄影活动的正常进行。

136. 什么是海洋的"蓝绿窗口"？

我们经常会听到一些海洋光学专家提到海洋中有一个"蓝绿窗口"，难道在海洋中还能开窗户吗？其实，这只是一个比喻，它反映了光在水中的衰减随着光的波长和水质的不同而变化的特点。

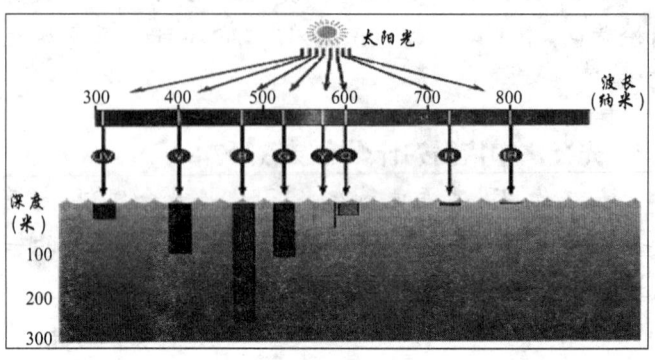

海水吸收的频率特性

通常，光在海洋中传播时会随着距离按指数规律衰减。如果在大洋中衰减长度为 10 米，即 10 米后光强下降到原来的 36%，则在近海的浊水中衰减长度就不到 2 米，可见在不同的水质中光的衰减程度差别是很大的。另外，海水对于不同波长的光的损耗是不同的，在损耗的曲线图上，有一个波长范围损耗相对比较小，例如，对于波长为 675 纳米的红光，传播 1 米后被吸收 30.7%，5 米后剩下 20%，10 米后仅剩 0.5%；对于波长为 450 纳米～

475纳米的蓝绿光,传播1米后仅被吸收1.8%～1.9%,经55米～67米后还剩余20%;当波长再减小时,如波长为400纳米,光在传播1米后会被吸收4%。由此可见,在海洋中,波长为450纳米附近区域的蓝绿光,传播过程中衰减最小。由于这个区域相对较小,就像是一个很窄的窗口,所以,人们形象地称它为海洋的"蓝绿窗口"。

137. 浅海的水底为什么会有闪动的光斑?

假日里到海边去游玩时,你肯定会着迷于那清澈、透明的海水。如果稍加留意就会发现,水下的光照并不均匀,总有一种忽明忽暗的感觉,尤其是在阳光比较充足的时候,海底往往会有一块块闪动的光斑,就像天空中闪耀的星星。这些闪动的光斑是怎样形成的呢?

原来,大多数情况下,海水表面并不平静,有许多大小和方向都在变化的波浪。波浪的每一部分都可以看成一个小的空气与水的界面,光线在这个界面上进行折射和反射。如果波浪比较光滑和规则,就有点像制作不够精良的透镜和棱镜,海底的光斑就是这些"透镜"折射的结果。由于海面总是不停地波动着,所以,这些光斑也就会随之一亮一暗地变化。

既然折射光有这样的现象,那么反射光又会怎么样呢?其实道理是一样的,人们可以把变化着的波浪表面看成由许许多多的小部分组成,每一部分就是一小块反射镜。随着波浪的起伏,反射的光线合成后也会形成一块块不停闪动的光斑,只不过这种光斑不在海底而在海面之上。我们只要注意观察一下水中建筑物或航船的阴影处,肯定会找到这些有趣的光斑。

138. 海水的折射率与哪些因素有关?

海水的密度要比空气的密度大 800 倍,不仅如此,两者的光学性质也相差许多,所以,光线在空气和海水的界面上肯定会出现折射现象。折射角的大小与海水的折射率有关,但折射率的数值并不是固定不变的,它与入射光线的波长、海水的温度和盐度等因素都有关系。

实验表明,当入射光线的波长由长变短,即从红光变到蓝光,折射率会逐渐增加;当海水温度升高时,折射率会逐渐下降;而海水盐度增加时,折射率又会逐渐增加。

在压力、温度和入射波长固定的情况下,海水折射率随盐度的增加而增加,也就是说,盐度越大的海水对光线的偏折也就越厉害。根据这一特性,人们就可以通过测量海水的折射率来分析海水的盐度,也就是利用光学的方法来测量海水的盐度。

139. 为什么海水的实际深度比看到的要深?

俗话说:"耳听为虚,眼见为实"。但是,从光学的角度来分析这句话,还是要打一点折扣的,因为有时候,即使是我们亲眼所见,也不一定就是真实的。比如,把一根筷子一半插入盛水的玻璃杯中,从一边看过去筷子就像是被折断了一样,而全部浸入水中它又变成直的了。为什么会有这种奇怪的现象呢?

这是因为,光线在穿过密度均匀的光学介质时,它的传播方向保持不变;而光线穿过密度不同的两种介质时,在两种介质的分界面,行进的方向会发生偏折。科学家发现,光线由密度较小的物质进入密度较大的物质时,要向垂直于界面的法线方向偏折,即折射角小于入射角;反之,折射角会大于入射角。这就是光的折射规律。

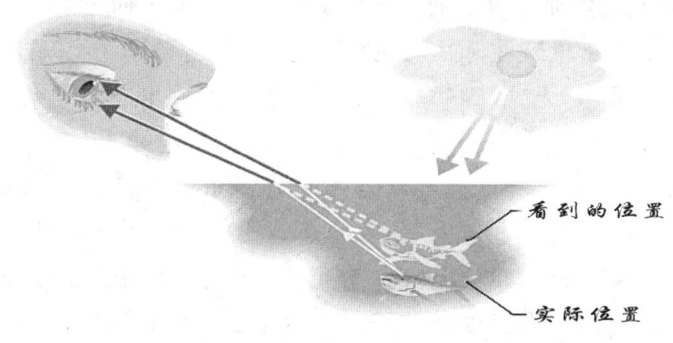

光的折射现象

正是由于折射现象的存在,我们透过海面很难目测出海水的实际深度,就像插入水中的筷子一样总会向上"翘起"。那么,有没有办法来校正这种目测与实际深度的偏差呢?实际上,只要将目测深度乘以海水折射率(约为1.33)就可以了。假如目测深度为1米,则海水的实际深度应为1.33米,也就是说,目测的深度大约只有实际深度的四分之三,因此,大家在捕鱼或者跳水时可不要过分相信自己的眼睛哟。

140. 从水中看天空会是什么样子呢?

你有没有想过,在水下向天空看是什么感觉呢?与我们平常看见的天空一样吗?

潜水员在水下看天空,与我们平常看到的天空大不一样。潜水员从水中向天空望去,天空似乎被压缩在半角为49°的圆锥中,本来一个开阔的空间,顿时变得非常狭小,所有的物体都挤在一起了。在水中,如果不是垂直向上看,而是以一定的角度向前看,潜水员甚至能看到海面上很远处的船只。但是,当观察的角度再大一些时,就不可能看到水面上的情景,而只能看到水下的世界。为什么会出现这些奇怪的现象呢?

原来,光线从水中进入空气时,在经过水与空气的分界面时要发生折射现象。由于海水的折射率大,而空气的折射率小,所以光线从空气中折射出的角度要比水中的入射角大。也就是说,在水下只要以一个较小的张角就能观察到水面较大张角范围内的物体。而且人眼总是习惯地认为光线是按直线传播的,丝毫也没有察觉到折射的存在。因此整个水面上的空间都会挤在一起,即正常视觉范围以外的东西也尽收眼底,就好像是用广角镜头在看东西一样。而且,随着水中入射角的增加,空气中的折射角也逐渐增加,当折射角大于90°时,水中的光线就无法进入空气中,即出现全反射现象。经过计算,发生全反射的临界入射角约为49°,即当水下光线的入射角超过这个角度时,在海面就会发生全反射,不会有光线进入空气中。因此,超过这个角度看到的只能是水下物体的景象。可见,从水下看天空时出现的种种奇特现象,都是由于海水的折射率大而空气的折射率小引起的。

141. 为什么水下物体看起来比实际的大?

如果你戴上一个平面的潜水镜潜入水中,去看一看海洋中奇妙的景象,你一定会惊奇地发现,水下的物体好像要比平时看到的增大了约30%。你知道这是为什么吗?

实际上,这也是由于各种材料的折射率不同而造成的。我们知道,潜水镜的面具一般是用玻璃制成的。当潜水员潜入水中时,面具就把水和人的眼睛隔开,面具的外面是水,里面是空气。玻璃、水和空气的折射率是不同的。当物体发出的光线由水进入玻璃时,由于水和玻璃的折射率相差不大,光线的偏折角度也不大,但是,当光线通过玻璃进入空气时,由于玻璃和空气的折射率相差较大,所以光线的偏折角度也就比较大。人眼习惯地认为物体就在最后进入眼睛的光线方向上,不知不觉地进行了相应的校正,所以,物体看起来就比实际的要大一些,一副普通的潜水镜也就不知不觉变成了放大镜。

为了解决这种失真的问题,科学家想出了一个绝妙的办法,那就是把潜水镜的面具玻璃从平面的改成曲面的,适当选择玻璃的曲率半径就能使这种失真最小。

142. 海水的透明度是怎样测量的?

海水并非都是清澈透明的。有些地方的海水十分清澈,阳光可以穿过很深的距离;另外一些地方,海水比较混浊,阳光只能照射很短的距离。为了表示不同海域的海水能见程度,科学家引进了透明度的概念,顾名思义,透明度就是表示海水透明程度的一个量,它是衡量海水光学性质的一个简单而又重要的参数。

海水的透明度是怎样测量的呢?要测量海水的透明度首先必须准备一个白色圆盘,圆盘的直径为30厘米,什么材料都可以,但要保证它能沉入水中,这种圆盘通常被称为透明度盘。再在圆盘上面系上一根长绳子,并在绳子上做好长度标记。然后就可以把圆盘小心地放入水中,并让它缓慢地向下沉,千万要注意保持圆盘与水面平行。始终注意观察沉入水中的白色圆盘,当它刚好看不见时,记下圆盘在水中的深度,这就是该处海水的透明度,也叫能见度深度。

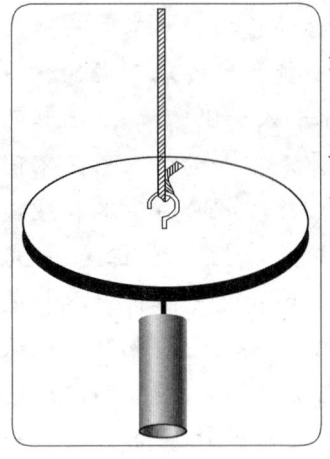

测量透明度的圆盘

早在1804年,美国海军就发明了这种测量透明度的方法。当年,美国海军士兵在一艘名叫"总统"号的巡洋舰上,把一只白色瓷盘系在测深用的绳索上,沉入水中,直到44米深处这只白瓷盘才看不见了。这恐怕就是最早的透明度测量记录了。

143. 精确测定海水透明度的方法是什么?

用透明度盘测量海水透明度虽然简便、直观,但也有不少缺点,往往会受一些客观和主观因素影响,比如受海面反射光的影响,受观测者眼睛高度的影响,还与眼睛的近视程度有关等,因此,测量结果不可能十分准确。而且透明度盘只能测出垂直方向上的透明度,不能测出水平方向上的透明度,测量结果不够完整。

为了更准确、更全面地测定海水的透明度,科学家研究设计了一种专门的仪器。该仪器内装有先进的光电管、集成电路，甚至微型计算机，可以得到海水透明度更准确的数据。它还可以测量太阳光从海面穿透海水的光通量，得到水下照明度的测量结果。如果在仪器中安装一个自带的光源，还可以测出光线通过一定厚度水层的光能量，经过计算就可以得到海水本身的透明度值了。当然，这种仪器不仅能测量海水的垂直透明度，还能测出它的水平透明度。除了一些简单的测量外，现在广泛使用的都是这种光电测量的方法。

144. 离水面越近的地方就能看得越远吗？

我们知道，在水下离水面越近的地方光线就越好，那么，在水下是不是离水面越近的地方能见度就越高，看得就越远呢？事实上，答案并不像我们想象的那么简单。曾经在法国布勒斯特港西南方向沉没的"伊吉普特"号船上工作过的意大利潜水员报告称：在20米深以内能见度比较低，然而，随着深度逐渐增加，能见度又慢慢地好起来。沉没的船只到达120米深处时，光线虽然很微弱，但是能见度却能达到2米左右。

为什么会有这种"反常"的现象呢？其实产生这种现象的原因很简单，主要是因为靠近海面的表层海水中常有许多悬浮物，如浮游生物、微生物等。这些浮游生物就像空气中的沙尘暴一样，对光线有很强的散射作用，会明显地降低海水的能见度。这些浮游生物和微生物都喜欢生活在温暖的海洋表面，正是它们严重地影响了海洋表层的能见度。随着深度的增加，水温逐渐下降，这些生物越来越少,海水变得更加清澈透明,所以能见度又会慢慢增加。但如果深度进一步增加,海水又会因为缺少阳光而变得一团漆黑。可见,在一定的深度范围内,海洋深处的能见度有时确实会高于表层的能见度。

145. 我国沿海的海水透明度有多高?

我国的海域包括渤海、黄海、东海和南海四个部分。据海洋工作者实际测量,这些海域的海水透明度各不相同。总的来说,从北向南,透明度越来越高。渤海是我国的内海,由于有机物比较多,生物繁殖茂盛,再加上沿岸江河泥沙的影响,海水透明度比较低,只有3米~5米。黄海地区的海水透明度略高于渤海,为3米~15米。东海地区可以达到25米~30米。位于最南端的南海海域其海水透明度大都在30米以上,海水十分清澈透明。

其实,海水透明度不仅是海洋光学中的重要参数,也是反映海洋污染程度的重要指标。通过长期定时、定点的测量,人们就可以掌握海洋污染的第一手资料,为最终消除海洋污染提供科学依据。

146. 世界上什么地方的海水透明度最高?

生活在海边的人都知道,海水并不像人们想象的那么清澈、透明,有时在海水很浅的地方也会看不到海底。这与长期的海洋污染有关。人们把大量未经处理的工业和生活污水、污物排入海中,海港码头的轮船也会造成许多污染,再加上被江河带入海中的泥沙,这些都影响了近海的海水透明度。因此,海水透明度的高低也是一个国家环境质量的重要标志。

海洋物理

一般来说,远离海岸的大洋海水的透明度较高。世界各大洋的透明度值并不相同,平均来说,太平洋的水比大西洋和印度洋的水更透明。经过长期的观测,人们发现,位于北大西洋中心的马尾藻海的海水透明度最高,几乎接近蒸馏水的透明度。在这个海域内,一般的透明度盘都在创纪录的60米深处才刚刚看不见,有的地方甚至达到75米的深度呢。

147. 海色和水色是一回事吗?

如果听海洋专家给我们讲海洋的颜色问题,经常会提到"海色"和"水色"两个名词,大家一定会觉得奇怪,难道海洋的颜色与海水的颜色还会不一样吗?

其实,海色和水色是两个不同的概念。海水的颜色简称"水色",为了最大限度地减少反射光(白光)的影响,它是从海面正上方观察时所看到的海水的

清澈的海浪

颜色,它反映的是海水本身的特性。海色则是指在反射、散射等多种情况作用下从海面映射出来的颜色,它与太阳高度、天文状况、海底、地质和海洋水文条件等都有着密切的关系。我们通常看到的大海的颜色就是海色,它除了与水色有关外,还受许多外界条件的影响,例如,有时因为太阳光的影响,我们会在清晨或傍晚看到金色的

大海。这里所说的就是海色,而水色能更真实地反映海水本身的颜色。

148. 大海都是蓝色的吗?

大多数情况下海水都呈蓝色,那么,是不是所有的海水都是蓝色的呢?答案是否定的。其实海水从深蓝到碧绿,从微黄到棕红,颜色是丰富多彩的。海水的颜色主要取决于海水中存在的悬浮颗粒。大洋中的海水,特别是在热带和亚热带海域的海水,通常是蓝色的。在海岸附近,由于水中的黄色悬浮颗粒同蓝色的海水搅和在一起,所以海水呈现出绿色。溶解于海水中的物质的浓度很高时,可使海水呈现出淡黄色。有时海水呈现棕色,那是由于水中存在着悬浮软泥而引起的。海藻可使海水呈微绿色。如果微型植物和动物的密度很高,还可以使海水呈现出红色或棕色,这就是人们常说的"赤潮"。所以在描写大海的颜色时,一定要认真区别,千万不要统统是"蔚蓝色"啊。

149. 影响水色的原因有哪些?

我们知道,不同海域的海水颜色存在很大的差异,可是,海水的颜色为什么会有这种差异?海水的颜色到底与哪些因素有关呢?

研究表明,影响水色的原因主要有以下几个:第一个原因与海水中大型浮游生物和泥沙等颗粒的影响有关,如果这些浮游生物处于海水的表层,那么海水就呈黄绿色,如果比较深,则海水为青蓝色。影响水色的第二个原因是水分子对光的散射作用。科学家瑞利发现,光散射

海洋物理

作用与光波波长的4次方成反比,即波长比较短的蓝紫色光就比波长较长的红光更容易产生散射,因此海水通常为青蓝色。另外,与波长长度相当的浮游生物也容易散射蓝紫色的光线。第三个原因,与波长尺度相同的微小浮游生物也会产生与水分子相同的散射,一些中等大小的浮游生物则能反射出某一特定波长的色光,从而影响水色。第四个原因是天空的颜色,虽然水色是从垂直方向向下观察得到的,不受天空颜色的反射影响,但是因为海洋总有波浪,天空的颜色容易被海面反射,仍然会影响水色。第五个原因是海水的化学成分的差异也会影响水色,比如当有机物含量比较多时,水色就近于黄绿色。

150. 什么是水下摄影技术?

你从杂志上、电视里看到过美丽的水下世界,那色彩斑斓的珊瑚,泳姿优美的鱼群,一定给你留下了深刻的印象。可是,你知道吗?这些漂亮的照片和影像都离不开水下摄影技术。那么,什么是水下摄影技术呢?所谓水

水下摄影

下摄影技术,就是指在水下使用摄影、摄像设备的技术。水下摄影可分为两类,即由潜水员携带和操作照相机的水下摄影和遥控操纵照相机的水下摄影。前一类摄影,只要潜水员穿上某种潜水服,带上照相设备潜入水中直接拍摄就行了;后一类摄影,通常是用于潜水员不能到达的深度或者只有在复杂的海面装备支持下才能到达的深度下进行的摄影。

水下摄影的用途十分广泛,不仅可以用来进行海底地形测绘、海流测量、研究海水光学性质、研究海洋生物,还可以用于海底考古、沉船探寻、海洋污染的遥测监控以及水下娱乐等各个方面。

151. 水下照相机是怎样工作的?

水下光学探测技术中重要的工具之一是水下照相机。水下照相机的种类很多。早期的闪光灯照相机由于仅能拍摄一次,目前已被淘汰了。取而代之的是利用各种具有广角镜头,并能拍摄数百幅照片的大型静止照相

水下照相机

机。例如,德国生产的70毫米海底静止照相机,能曝光大约300次。这种照相机包括带有能源和电子控制装置的照相机、闪光灯和触发器三部分。当触发器重锤触及海底时,它能够自动摄取海底照片。最新的发展趋势是以声呐控制器逐步代替机械触发器,而且还配备有自返式取样装置,该装置能保证拍摄后照相机自动返回海面。1992年尼康公司推出的尼康诺斯RS型照相机,是世界上第一架可用于水下摄影的单镜头反光照相机。这种照相机还包含了许多现代化功能,如矩阵测光系统、均衡补充闪光功能、水下自动对焦系统等,而且在水下活动的空间也被扩大了。它可以在无保护装置的情况下深入水下100米处拍摄,大大增强了水下照相机的专业性能。

水下照相机的主要缺陷是不能立即获得海底的影像资料,人们必须将照相机从海底回收,并等到照片冲洗出来后才能了解海底的情况,所以探测工作不能实时、连续地进行。

152. 水下摄影对胶片有什么特殊要求?

在水下照相时,由于光在水中传播时会被选择性吸收和散射,使水中拍摄照片的效果与在自然条件下拍摄照片的效果绝对不一样,不仅对比度低,清晰度差,而且整体色调偏蓝色。这些问题应该如何解决呢?

目前最有效的解决办法就是有选择性地使用胶片,以增加影像的反差,改善色彩平衡。一般来说应选择高灵敏度、反差大的胶片。对于黑白胶片要求灵敏度的峰值应该在蓝绿区,对于彩色摄影则要求胶片有较好的色彩饱和度，特别是对红光、橙光和黄光要更加灵敏。虽然目前大多数的黑白胶片和彩色胶片都可以在水下摄影中使用，但是为满足更高层次、更高质量的要求，仍然需要性能更加优良的专用胶片。随着人们对海洋研究和海洋开发的要求越来越高，必定要进行大量的水下摄影工作，专用的水下摄影胶片必定会发展得越来越快。

153. 为什么水下照明设备的功率不宜太大？

为了拍摄水下照片，特别是深海的水下照片，通常要使用人工光源。实践表明，仅仅依靠自然光照明，在清澈的海水中也只能拍摄到水下200米以内的目标。如果是阴天，最大可拍摄深度只有75米，超过这一深度就必须使用人工光源照明了。使用人工光源辅助照明，不仅可以提高水下物体的亮度，增加图像的对比度，而且还可以帮助校正水下颜色失真的问题。

使用人工光源虽然可以增加物体的亮度并改善图像的对比度，但是，由于海水的散射作用，如果光源使用不当，随着物体亮度的增加，背景光也会随之增加，因而图像的对比度并不能进一步增加。就像在一间混响很大的房间里说话，即使你再怎么大声喊，别人也听不清一样。所以，单纯依靠增加水下照明设备的功率是不可能增加有效拍摄距离的。因此，通常水下照明器材的功率都不超过0.6千瓦～1.0千瓦。为了改善图像的对比度，最好让光线从侧面尽可能近地照亮物体，使观察者与照明的夹角达到最大。

在清澈的海洋中，人工照明条件下能见度最高可达

50米～60米，由于海水散射的影响，即使进一步提高照明设备的功率，也不能增加有效拍摄距离。

154. 哪些照明光源可用于水下摄影?

根据不同的需要，水下照明可采用连续照明或闪光照明两种不同的方式。其中，连续照明设备的光源种类较多，根据发光原理的不同，可分为碘化铊灯、碘化镝灯、汞灯、白炽灯和卤素灯等。

碘化铊灯和碘化镝灯属于高压气体放电灯，发光效率较高，是汞灯的2倍、卤素灯的4倍，且光谱能量大多分布在光谱的蓝绿部分，水下衰减较少，是大面积水下照明中广泛使用的一种光源。

汞灯虽然具有电源复杂、启动时间长等缺点，但因为寿命长(大于10万小时)、发光效率高、光谱特性好等优点而广泛地应用于水下照明和水下电视摄像。

白炽灯和卤素灯的优点是具有宽的光谱响应，可使用交流电或直流电工作，价格便宜，但是发光效率比较低，寿命短，而且对电源电压的变化较为敏感。

另外，在水下摄影中还经常使用电子脉冲闪光灯，它属于脉冲光源，发光强度高，光谱特性接近于太阳光，用电池作能源，使用十分方便。

155. 为什么水下照片总是灰蒙蒙的?

海洋真是一个神奇的世界，水下的动植物总是色彩斑斓。不知你有没有想过要和那些漂亮的鱼儿合个影?也不知你有没有亲自拍摄过水下照片?

如果你是一个摄影爱好者，在你刚开始进行水下摄影时,对拍摄的照片一定会很不满意,因为拍出来的照片总是灰蒙蒙的,与杂志上印的、电视上演的相差太远了。其实,低反差是水下摄影中一个很普遍的现象,影像的细节部分很难体现出来,效果总是不尽人意。那么,有没有办法可以增加水下照片的反差呢?

海豚

经过反复的实践,人们终于找到了一些行之有效的办法。第一是采用人工照明,增加物体的亮度;第二是采用光谱滤色片,使影像光谱色达到平衡;第三是使用短焦距镜头,缩短照相机到目标的距离;第四是采用高反差的胶片进行拍摄;第五是采用反差大的显影剂;第六是增加显影时间;第七是提高显影液温度,并加快搅动速度;第八是在用负片翻印时选用适当的相纸以提高反差。怎么样,是不是够繁杂的了?但是,只要你掌握了这些方法,拍出来的水下照片就会色彩鲜艳,栩栩如生。

156. 是谁拍摄了第一张水下照片?

你知道是谁最早拍摄了第一张水下照片吗?他就是被称为"水下摄影之父"的法国水生生物学家路易·布丹。早在1892年,他就拍摄了第一张水下照片,这是一张地中海蟹的照片。当时水下摄影存在许多技术问题,比如水下照相机既要密封,又要操作灵活,另外还要解决照相机在水下的稳定性以及水下照明等问题。要在水下拍摄照片还真不是一件容易的事。路易·布丹花了8年的时间来研制水下照相机和水下摄影方法。他的第三个也是最后一个照相机是一个沉重的铜和钢制成的盒子,它连接在漂浮于水面的酒桶上。路易·布丹曾写了一本关于水下摄影技术的书。他在书中不仅描述了他设计并制造的水下照相机和水下摄影方法,而且还阐述了水下摄影对研究水下植物群和动物群的意义。

157. 是谁拍摄了第一张水下彩色照片?

是谁拍摄了第一张水下彩色照片呢?说起来还有一个有趣的故事。1926年初,美国水生生物学家朗格里教授把一篇关于珊瑚礁动物世界的文章寄给美国的《国家地理杂志》。当时彩色摄影刚刚诞生,水下彩照更是闻所未闻,杂志的编辑部却坚持要该文附有彩色插图。于是,朗格里教授就和杂志社照相洗印室的负责人一起,到德拉依·托尔图加斯浅滩区去拍摄所需要的照片。

因为水下摄影要求有良好的照明,但当时还没有电子闪光灯,为了保证足够的照明度,他们就在水面的木筏上点燃镁粉当作闪光灯。镁粉闪光能照亮3米~5米深处的海底,亮度相当于2400支闪光灯。就这样,首次拍摄了一套水下世界的彩色照片。1927年1月号的《国家地理杂志》上发表了他们的工作成果,人们第一次在照片上看到了丰富多彩的水下世界。

158. 第一部水下电影是谁拍摄的?

你一定看过许多关于海洋的电影,在为美丽、神奇的海洋动物所惊叹之后,你有没有想过,第一部水下电影是谁拍摄的呢?第一部水下电影是在1914年问世的,它是由英国人吉·威廉森拍摄的。这部电影的内容是介绍巴哈马群岛海域的珊瑚礁世界的。

为了拍摄这部影片,吉·威廉森特地用高强度的玻璃制造了一个透明的潜水球,该潜水球可容纳2个携带摄影机的摄影人员。拍摄前,先将球体从驳船上放下,并沉入水中。在水下10米左右的地方,摄影人员开始了他们的拍摄工作。

为什么要采用球形的摄影装置呢?这一方面是为了承受水中巨大的压力,另一方面则是为了消除被摄物体的失真。当时由于各方面条件的限制,尽管拍摄工作相当艰苦,效果还是不尽如人意。随着技术的发展和进步,现在水下摄影装置已有了很大的改进,无论是拍摄条件还是拍摄效果都有了明显的改善。

今天,不管是在电影、电视、计算机上,还是在图书杂志上,到处都能看到许多精彩的海底世界画面,甚至普通的摄影爱好者也能实现自己的水下摄影之梦。但是,我们始终不应忘记前人所做的开创性的工作。

159. 海中寻物的困难在哪里?

人们通常用"大海捞针"来比喻寻找某个东西很不容易。其实,别说是大海捞针,就是大海捞潜艇,也未必是件容易的事。假如有一架飞机不幸坠落在荒郊野岭,除了很特别的情况外,一般都很容易找到它。为了寻找失事飞机,人们通常会出动直升机。在直升机上,不用复杂的探测设备,单凭人的眼睛就可以观察相当宽广的范围,因而很容易发现目标。然而,如果这架飞机不是坠落在陆地上,而是坠落在海洋里,那么,就算人们出动了飞机和舰艇,动用声呐等探测设备,也未必能找到它。

在一望无际的大海,没有任何参照物,又看不见水中的物体,而且受自然条件的限制,不能自由行动,所以,沉落在海洋中的物体很难找到。当年为了搜索沉没的美军核潜艇"长尾鲨"号,美国几乎投入了海军的全部力量。2001年4月,为了寻找我国跳伞飞行员王伟,海军共出动舰艇101艘次,飞机109架次,地方有关部门共出动各类船只和飞机1000多艘(架)次,累计搜索面积已超过了30万平方千米,但仍然没有发现王伟的踪影。

那么,在海洋中寻找物体的困难到底在哪里呢?在海洋中寻找沉落物体的困难非常多,一方面是因为海洋特别巨大,又没有明显的参照物,精确定位十分困难;另一方面,也是最主要的原因,是海水中的能见度太低,根据现有的技术水平,可以说人在海水中是极端的近视眼,即使使用水下电视,要看清10米以外的物体也不容易。特别是在混浊的海水中,甚至仅仅相隔1厘米,也可能看不清。为了解决这个问题,人们研究开发了各种各样的声呐探测设备,但是能够适应人类视觉习惯的设备还不多见,因此,使用这类设备探测目标就像盲人借助手杖和耳朵"看"东西一样,不可能"看"得很清楚。

160. 水下电视有什么用处?

利用水下照相机虽然可以获取水下的图像,但却无法连续地获取海中或海底的影像资料。为了解决这个问题,科学家又发明了水下电视。利用高精度的水下电视,人们不仅可以实时、连续地监测海洋,还可以将观测结果制成录像带永久保存。用水下电视观测海底,能准确发现矿床和岩石的大小、形状和位置。现在,水下电视能长时间在海水中工作。有报道称,水下电视在水深4000米～5000米处还能连续作业5天之久。

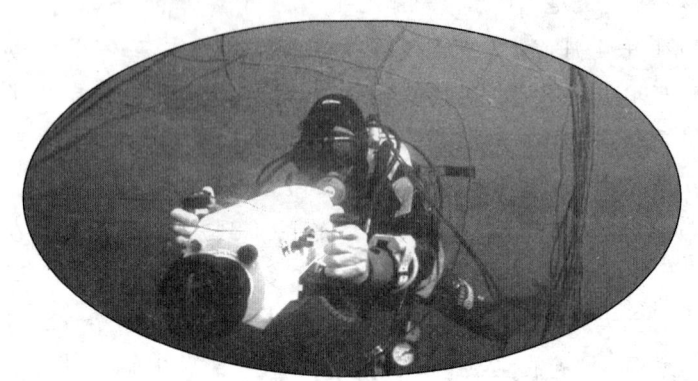

水下摄像

现在,水下电视已经成为水下机器人的重要视觉器官。毫不夸张地说,水下电视已经将人类的视觉延伸到大洋的深处。看到这里,大家可能都会想,既然高精度的水下电视能够获得详细的海底勘测资料,而且又比水下照相机多了许多优点,那为什么不用水下电视取代水下照相机呢? 这主要是因为,目前水下电视制作复杂精细,价格昂贵,通常只用于探测的最后阶段,还不能经常、普遍地使用。但是,随着水下电视技术的不断发展和完善,水下电视肯定会逐渐取代水下照相机,成为人们研究海洋、开发海洋的重要手段。

161. 激光在水下电视中有什么作用?

通常,水下的光线都很微弱,而且水越深,光线就越差。因此,在拍摄水下电视的过程中必须使用人工光源来照明。简单说,水下电视的照明光源可分为两大类:一类是普通光源,另一类是激光光源。用激光作为水下电视的照明光源,这可能还是头一次听说吧。

水下激光电视,其实就是使用激光作为照明光源的水下电视。由于激光光源亮度高、方向性好,因此它不但能完成水下照明的任务,而且还能通过一些技术手段,消除因为水体的后向散射造成的不利影响,提高水下电视的观察距离并改善图像质量。根据消除后向散射的原理不同,可以把水下激光电视分为两种类型,即距离选通式和视场扫描式。虽然这两种方式的实现原理各不相同,但它们都离不开激光器。

人们掌握了这种新的技术,就如同在水下拥有了一双明亮的大眼睛,不但能看得更清,而且还能看得更远。

162. 水下激光电视由哪几个部分组成?

水下激光电视包括以下6个部分。第一部分是激光器,它是水下电视的光源,用于发射激光,照亮被观察物体。根据观察距离的不同可选用不同类型的激光器,比如,中远距离可采用大功率短脉冲激光器,近距离则可使用连续激光器。第二部分是发射光学系统,根据具体情况可以包括光束会聚系统、光束扫描系统和偏振光系统等。第三部分是接收光学系统,这部分一般有窄带滤光器、扫描接收系统和偏振光系统等。第四部分是光探测器,在视场扫描式系统中可采用接收角比较大的光电倍增管,在距离选通工作系统中则一般选用高灵敏度的摄像管。第五部分是控制电路,用来调节激光器的发射功率,调整探测器灵敏度,控制距离选通中的定

水下激光电视

时开关。第六部分就是信息处理和显示电路了,主要是完成视频信号的优化和显示工作,与普通电视的原理、功能和构造基本上是一样的。

163. 哪些激光器可以发射蓝绿光?

同学们对激光器也许并不感到陌生,或许大家都在课堂上见过老师所用的激光教鞭。激光教鞭的核心部件就是激光器,它能发出一束细细的红色光束。随着老师的一举一动,那个红色的光点把我们一次又一次地带入科学的殿堂。

现在科学家已经研究开发了许多不同类型的激光器,比如气体激光器、固体激光器和半导体激光器等,它们能发出多种不同颜色的激光。气体和固体激光器都可以实现蓝绿光的输出,但各有特点。一般气体激光器,如

氩、氪、氙、氖等,脉冲频率可以很高,但是光输出的峰值功率和效率较低,如 AVCO 公司的脉冲氖激光器,每秒可输出 1000 个脉冲,脉冲宽度为毫微秒量级,峰值输出功率为 12 千瓦,效率仅为 0.01%。目前水下激光仪器中更常用的是固体激光器,虽然它们不能直接产生蓝绿光,但是通过倍频后也能得到蓝绿光,如把钇铝石榴石脉冲激光器输出的 1.06 微米的红外光,入射到铌酸锂或磷酸二氢钾等非线性光学晶体中,倍频后就可以得到 0.53 微米的蓝绿光。

164. 如何改善水下激光电视的显像效果?

在水下,由于水体后向散射的影响,图像的对比度和清晰度都比较低,图像常常是模糊不清的。那么,有没有办法改善水下电视的显像效果呢?为此,科学家进行了大量的研究工作,开发了包括距离选通式水下激光电视在内的一些能够改善水下显像效果的新产品。为什么距离选通式水下激光电视能得到较好的水下图像呢?只要大家简单地了解一下它的工作原理,这其中的奥秘就不言而喻了。

通常水下激光电视将激光器发出的光脉冲,通过透镜使其射向观察区域,光线到达目标后会被反射回来。由于观察区域内各点反射信号的强弱不同,因此人们只要利用光学接收系统接收这些反射光线,就能得到一幅水下观察区域的电视图像。但是,由于激光器发射的光脉冲到达目标前会被目标前的水体散射,而且从目标返回的光线也会因为水体的散射而减弱,从而增加本底噪声，影响图像的对比度和清晰度，因此图像总是模糊不清，观察距离也很有限，就像是雾里看花一样。

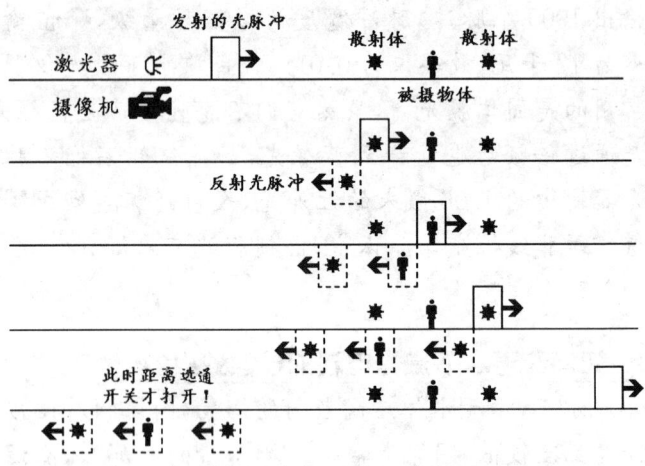

距离选通式水下电视工作原理

为了解决这个问题，科学家在水下激光电视的接收系统上加装了一个距离选通开关。可别小看这个距离选通开关，它能有选择地让有用信号通过，而将干扰信号拒之门外。具体来说，这个开关在激光器发出光脉冲后一直关闭着，这样，目标前的水体产生的后向散射光，或从目标以外的物体返回的反射光都无法进入接收系统。经过一段时间后，当从目标直接反射回来的光线到达时，这个开关才打开，目标信号就能顺利进入接收系统。因此，距离选通开关就把目标信号和干扰信号从时间上分开，从而大大提高了图像的清晰度和对比度，能够获得高质量的水下图像。

165. 视场扫描式水下激光电视的优点在哪里?

除了距离选通的方法外,还有没有别的办法可以改善水下电视的图像质量呢?答案是肯定的,视场扫描就是另一种较为有效的方法。那么,视场扫描式水下激光电视又是如何工作的呢?

与距离选通方式不同,视场扫描方式的激光器不是发射脉冲光,而是连续光。它的激光器连续不断地发射激光,该激光首先经过透镜聚焦变成很细的一束平行光,然后经过转动的反射镜变成依次扫描的光束。该光束依次照亮目标的每一个细节,目标反射光也就连续不断地返回接收系统,并在显示器上显示出目标图像。由于采用了很细的激光束扫描目标,而不是大面积的照明,这样水体造成的后向散射就很小,而且主要集中在发射激光束的方向上。因此,只要让水下电视的接收系统与发射系统横向偏离一段距离,并且使接收器"对准"目标,目标反射回来的光与水体的后向散射光从空间上就分离开了,从而提高了图像的对比度和清晰度。

166. 水下电视的发展还存在哪些问题?

水下电视是用于探测水中物体,并在水上进行电视显像的光学观测工具,它为实时观察水中目标提供高分辨率的视频图像。从1951年起,人们就使用水下电视来确定海底物体的位置,检查海底电缆以及进行生物和地质调查等方面的工作。由于水下电视已普遍用于包括军事目的在内的各种水下作业之中,所以水下电视素有"水下眼睛"之称。

尽管水下电视已有几十年的历史,但是目前水下电视的性能还受光在水中传输特性的限制,性能仍不尽人意。我们知道,光在水中传播时,发生吸收和散射,特别是在有悬浮粒子的混浊海水中,散射更为严重。吸收和散射的产生,使光能在海水中迅速衰减,致使水下电视的观察距离减小。同时,光的后向散射严重地干扰了目标的分辨率,使电视图像对比度、清晰度降低。虽然采用距离选通和视场扫描技术使得效果有所改善,但是进一步提高水下电视的观察距离和图像质量,仍是水下电视技术发展中迫切需要解决的问题。

167. 海洋激光雷达有什么用途?

你一定听说过雷达,但是你听说过激光雷达吗?与普通雷达不同,激光雷达发射的是激光而不是无线电波。

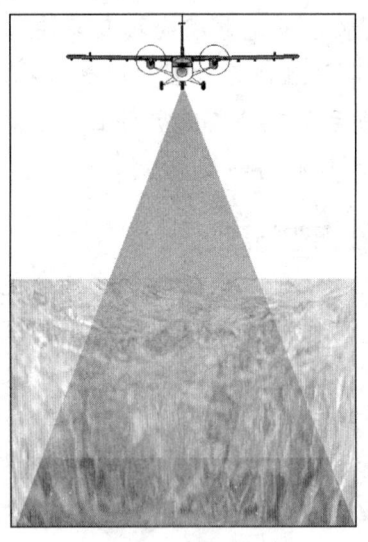

利用激光雷达探测海洋

现在,激光雷达已被广泛应用于海洋科学研究中,例如浅海水深、海洋叶绿素浓度、海洋污染以及海浪特征等测量研究方面都用到了激光雷达。在实际应用中,激光雷达先向着大海发射一束激光,然后接收目标的回光,根据不同探测机制,再对回光进行分析研究,从而获取海洋的相关信息。

在海洋激光雷达的各种应用中,浅海水深测量和叶绿素浓度测量一直是各国研究的热点。浅海水深测量又与水下目标探测密切相关,因此,发达国家的军方对此十分感兴趣,先后投入了大量的研究经费。据报道,美国军方已经研制出了这种系统,并开始用于水下目标探测。叶绿素浓度测量与估计海洋初级生产力、全球通量和众多海洋现象研究紧密相关,也是海洋学家十分关注的问题。利用激光雷达,人们坐在飞机上就能迅速、准确地获取海洋的浅海水深和叶绿素浓度等信息。

168. 海洋激光雷达是怎样工作的?

海洋激光雷达根据其探测机制的不同,分为多种不同的类型,主要用于测量海水的粒子散射、喇曼散射、布里渊散射、荧光、海水吸收等特性。

海洋激光雷达通常采用飞机运载的方式工作。也就是说,把激光雷达搭载在飞机上,从空中探测海洋。激光雷达系统一般采用脉冲倍频固体激光器,这种激光器具有发射功率大、体积小的优点。工作时,激光器从空中向海面发射激光,并且发射光学系统与接收光学系统同轴、同步扫描;发射的激光束到达海面或水中时,就会被海面或水中的目标反射回空中;反射回的光信号被望远镜接收系统接收,再通过光谱仪或滤光器滤除背景杂散光;有用的信号光将通过光电探测器转化成电信号,波形数字化仪把探测器输出的电信号变成数字量;再利用计算机对数字量进行分析,从而得到所需的测量参数。为了确保接收的数据足够精确,还要求激光脉冲的发射和数据采集必须同步进行。

169. 坐在飞机上也能测量海水的深度吗?

海洋激光雷达可以通过测量海面与海底返回光脉冲的时间间隔来测量海水的深度。具体来说,激光器从空中向下发射一个激光脉冲,当该脉冲到达海洋表面时,一部分光信号被反射回来,另一部分则会进入海水中,当遇到海底时再反射回来。激光雷达在空中接收到这两个反射信号,并测出它们的时间间隔,用这一时间间隔乘以激光在海水中的传播速度,就可以算出海水的深度。

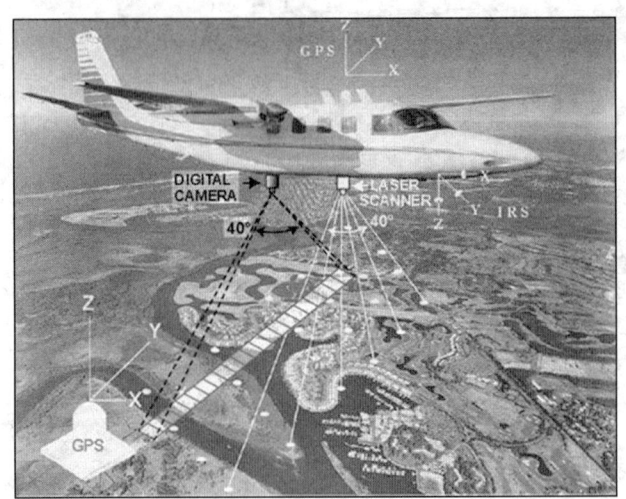

航空遥测

海洋表面位置可以利用能产生红外线的固体激光器来精确定位,这种技术比较成熟、可靠。水深测量的关键在于能否精确探测到海底脉冲。检测海底反射信号,说起来很简单,可实际上探测海底脉冲困难重重。首先,海水的衰减系数很大,海底脉冲要比海表脉冲小5个~7个数量级,一般的数字化仪很难处理这么大的动态范围。其次,在混浊的海水中,水体散射信号往往比目标反射信号还强,以至很难辨别谁是真正的"海底"。现在科学家已经找到了一些行之有效的办法来解决这些问题。今天,人们坐在飞机上就能测出浅海的水深已不是什么奇谈。

170. 激光雷达是怎样测出叶绿素浓度的?

在所有的海洋生物中,浮游植物占有特殊而重要的地位,因为它是其他海洋生物的直接或间接的食物来源。为了观察海洋生物量的分布,调查者一般借助于测定海水中的叶绿素浓度的方法来作为浮游植物生物量的指标。传统的仪器分析技术,如分光光度法、荧光分光光度法和色谱分析,虽然测量精度能满足要求,但是这些方法都是依靠人工逐点采样,而且分析速度很慢,因此很难应用于大面积水域的现场探测。而海洋激光雷达正好弥补了传统测量方法的不足,可以对大面积,甚至全球范围内水域的叶绿素浓度进行实时、动态监测。那么,利用激光雷达在空中是怎样测量叶绿素浓度的呢?

测量时,激光雷达从空中发射一束532纳米的激光到海面,海水激发的光谱中除了532纳米处的海水粒子散射外,还有水分子的喇曼散射、叶绿素分子的荧光以及其他生物分子的荧光。其中,叶绿素分子在685纳米处的荧光强弱与叶绿素浓度密切相关,因此,可以通过记录叶绿素分子在685纳米的荧光强弱来获取叶绿素浓度的数据。

171. 什么是海市蜃楼?

假如你来到位于山东半岛北部的蓬莱市,如果运气好的话,也许会看到奇妙的海市蜃楼现象。蓬莱面临渤海海峡,与长山列岛相峙,是个依山傍海的古城。蓬莱之所以出名,和这里经常出现海市奇景有直接关系。从古至今,人们都在赞美"蓬莱仙境"。那么,它到底是怎么一回事?要解开这个谜,先要弄清楚什么是"海市"?海市,也称海市蜃楼,如今气象学中统一名称为"蜃景"。它是在特定的条件下才出现的一种自然景象。发生蜃景时人们向大海上望去,会发现海中出现许多高楼大厦、乡村、田野、树木,有时甚至能看到城市或乡村中生活的人们,

这是同一地方不同时间的两张照片,下图的海面上出现了"山峦",这就是海市蜃楼。

车水马龙,人来人往。由于这一景象并不能持续很长时间,而且极为罕见,所以,人们才把看到这种现象视为百年不遇的幸事。

172. 海市蜃楼是如何产生的?

蜃景,俗称海市蜃楼,是一种非常特殊的气候现象。它是一种十分少见的幻景,因而显得十分神秘。其实,只要我们具有一般的物理常识,就不难理解产生蜃景的原因。

事实上,空气并不是十分均匀的介质,也就是说,空气层的各部分密度是有差别的,在某些特殊情况下,这种密度差还很大,因此,在空气中发生光的折射和反射现象就很正常了。进入春季或者夏季,海水温度和陆地温度相差较大,在海风和海流的直接影响下,海面空气经常出现下冷上暖的现象。空气的温度不同,密度也就不同,所以在海面上低层空气密度较大,而高层空气密度较小。如果此时太阳光从海洋远处的物体上反射过来,穿过空气密度不同的两个界面,就会发生光折射。当这种光线从上前方斜着映入人们的视线时,人们就会看到远方物体的幻影,这就是人们看到的"海市蜃楼"。

蜃景是一种十分壮观奇丽的自然现象,"蓬莱仙境"就是这一气候现象的形象描述。当然,蜃景并非海滨独有,在沙漠、江河、湖泊、山地和丘陵等地也都可能出现。

173. 国外也出现过海市蜃楼吗?

提到海市蜃楼,人们往往会联想到蓬莱仙境。其实,海市蜃楼并不是什么仙境,只是一种自然现象而已。不仅蓬莱会出现,其他地方也会出现,国外也有许多类似的记载。

1913年,美国的一支探险队去寻找一座神秘的高地,这个高地是探险队中的一个成员在几天前发现的。探险队为了证实这个新的发现,便乘船驶过冰山海域,然后登上冰川,开始步行前进。可当探险队看到那个被称为新发现的大山时,景象却慢慢地改变了,最后竟消失得一干二净。高山化为乌有,留下的只是广阔无垠的冰山和海洋。这时,探险队员们才意识到,他们上了大自然的当,是海市蜃楼骗了他们。

在战争史上,也有许多蜃景的记录。第一次世界大战时,一位德国潜艇艇长通过潜望镜看到了美国纽约市的高大建筑,他以为自己指挥的潜艇跑错了航线,进入了美国海域,便赶紧下令撤退。后来才知道,这位艇长也是受了蜃景的欺骗。

174. 沙漠中也会有海市蜃楼吗?

既然叫海市蜃楼,是不是只有在海上才会出现呢?事实并不是这样的,在实际生活中不仅海上出现过海市蜃楼现象,沙漠中也有海市蜃楼出现。1798年,拿破仑的军队在埃及沙漠中行进,茫茫沙漠中突然出现迷乱的景象:一会儿出现一个大湖,顷刻间又消失了;一会又是一片棕榈树林,转眼间又变成荒草的叶子。士兵们被弄糊涂了,以为世界末日即将来临,便纷纷跪下祈求上帝来拯救自己。第一次世界大战时,在一次沙漠会战中,一队英国炮兵正在射击,突然间,射击目标变成了一座城市。指挥官被眼前发生的一切弄得莫名其妙,不得不停止炮击。在我国的西部,有着大片的沙漠地区,生活在那里的人们也经常看到海市蜃楼的景象。

175.海边的海市蜃楼与沙漠中的海市蜃楼有何不同?

虽然在海边和沙漠中都能看到海市蜃楼,但两者的景象大不相同。人们之所以能看到海市蜃楼,是因为地面和高空的空气密度不同、折射率不同的缘故。事实上,光线在不均匀的介质中传播时,传播方向会连续改变而弯向折射率大的一边,而不是直线传播。

那么地面和高空,到底谁的空气密度大呢? 光线到底是向上弯曲还是向下弯曲呢? 这在海边和沙漠上是有区别的,正是由于这种区别导致了两处的海市蜃楼景象不同。

在海边,由于海水的比热比较大,温度不容易升高,所以海面附近的空气温度有时会比高空的温度低,因此海面附近的空气密度较大,折射率也比高空大。所以,在海面上光线向下弯曲,出现的是"上现蜃景"。在沙漠中,情况就不一样了,白天地

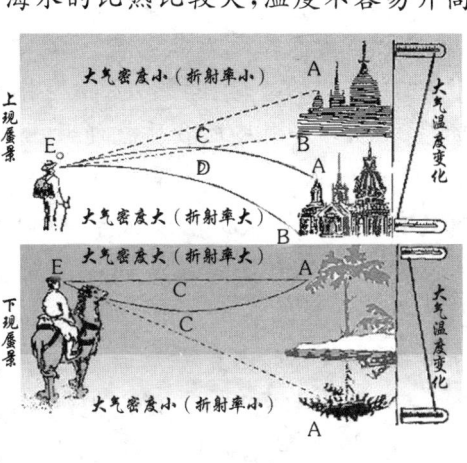

两种不同的蜃景

表温度比较高,所以靠近地表的空气温度也比较高,密度比较小,因此高空空气的折射率较大,光线向上弯曲,出现的是"下现蜃景"。在沙漠中旅行的驼队看见的就是这种蜃景。

176. 海发光有哪几种不同的类型?

海上日出,的确是自然界的一大奇观。但是,你是否知道,夜间的海面发光也是相当瑰丽的?夜晚,在航行中的船舶四周及船尾的浪花里常会出现点点亮光,有时似星光万点,有时又似乳光一片,还有的更似绚丽多彩的礼花。人们称这种现象为"海火"。那么,这种有趣的海面发光现象到底是怎样产生的呢?

其实,海水是不会发光的,人们通常所看的"海火"都是由海洋生物引起的。根据发光生物的种类不同,通常可以将它们划分为以下几类:

第一类海发光是由大小为0.02毫米~5毫米的发光浮游生物引起的。这些浮游生物身体多呈玫瑰红色,它们凭借体内的一种脂肪物质就能放出微光。发光颜色包括白色、浅绿色和浅红色等多种。它们平时发光都很微弱,只有在受到机械扰动或化学刺激时才比较明显。比如,当风浪把它们推向岸边的礁石时,它们便会受到触发,放出的光就像一束四溅的火花,如"火雨"跌落,一波紧接一波。这样的海发光被称为"火花型海发光"。

第二类海发光是由海洋发光细菌引起的。它们发光强度较弱,特点是不论什么海况,也不管外界是否扰动,只要这种发光细菌大量存在,海面就会出现一片乳白色光辉。这类细菌多生活在河口、港湾、寒暖流交汇处,特别是城市下水道入海处和海水被污染的地方最多。这样的海发光被称为"弥漫型海发光"。

第三类海发光是由海洋动物产生的。它们发光的特点是一亮一暗,反复循环,如同闪光灯似的。这种海发光被称为"闪光型海发光"。

海发光不仅绚丽多彩,美丽诱人,更重要的是它与海上生产作业还有一定的关系呢。海发光强的海区能映出黑夜的海景,因此在没有月光的夜晚,当船舶遇到海发光时,可能会使船长产生错觉,从而导致海损事故发生。当然,如果正确掌握海发光的规律,不仅可以预报天气,还可以提高渔业生产的产量。我国河北、辽宁一带的渔民,经过多年观察总结出"海火见,风雨现"的民谚。鱼群游动时所产生的海光,还会暴露鱼群的藏身之地,因此利用"海火"捕鱼可以提高捕捞的产量。

177. 海洋动物为什么要发光?

海洋动物为什么要发光呢?是不是因为在漆黑的水下世界里看不见东西,必须自己带个小灯笼才行呢?

关于海洋生物为什么要发光的问题,不少生物学家的看法也不一致。尽管有些海洋动物的视觉十分发达,但是也没有在黑暗中能看见东西的能力,因此,可以认为它们发光就是为了照明。然而,也有一些动物有很强的发光器官,但它们却是瞎眼,从照明的角度来看,它们真是"瞎子点灯——白费蜡"。由此可见,海洋动物发光肯定还有别的用途。现在,比较一致的看法是海洋动物发光或许是为了防御肉食动物,或者是为了诱惑猎取物,也可能是为了吸引异性。例如,琵琶鱼为了引诱食物,就在它的嘴边挂着一个发光诱饵。此外,有些海洋动物利用发光作为识别信号,在产卵期用来鉴别雌雄等。

对于动物发光的研究,不仅有助于揭开海洋中的秘密,还有助于海洋渔业捕捞,因为鱼群往往会在身后留下光迹,渔民可以利用这种光迹找到鱼群。

178. 怎样用光学的方法捕鱼?

实际上,利用光学方法不仅能捕鱼,而且效果还十分理想。你知道这其中的奥秘在哪里吗?

原来,鱼类和许多昆虫一样,由于生理和索饵等方面的原因,一般都具有趋光性。有些鱼类,如玉盘鱼、秋刀鱼、里海小鲱鱼、鳗鱼等趋光性较强,能被诱集到离光源很近的地方;而有些鱼类,如鲐鱼、沙丁鱼等趋光性较弱,它们大多数都聚集在离光源较远的地方。对付趋光性强的鱼类,可以直接用人工光源,如诱鱼灯,放在水下吸引鱼群,等大批的鱼群靠近光源后再打开吸鱼泵,吸鱼泵瞬间便将鱼群吸到船上,

灯光捕鱼

连鱼网都不用,就像抽水一样简单。而对于趋光性较弱的鱼类,就必须采用脉冲光和有色光,通过改变光的颜色,调节光线强度,诱集鱼群向光源靠近,配合声音诱鱼、

电场集鱼等多种手段,待大量的鱼群聚集到船边时,再启动脉冲电流或调节集鱼灯的光线,把鱼群诱集到一个很小的范围,然后启动船上的吸鱼泵,也可以将鱼群吸到船上来。

1973—1975年,我国自行设计制造的光电泵捕鱼设备,先后在黄海、东海、南海进行了20多个航次的海上无网捕鱼试验,取得了成功。前苏联采用光电泵捕鱼,仅用9分钟就捕获了350千克鱼。

179. 利用激光也能探测鱼群吗?

除了在工业、军事等方面有许多用途外,神通广大的激光还可以用来探鱼呢!激光在渔业探鱼上的应用冲破了以往渔业探鱼模式,使海洋探鱼技术向信息化、集约化、现代化方向发展。美国发明的机载激光探鱼仪,可在飞机航速为100千米/小时时使用。它能搜索大面积海域的鱼况,每小时搜索海面面积为12平方千米,相当于20多条渔船用声呐探鱼的速度!

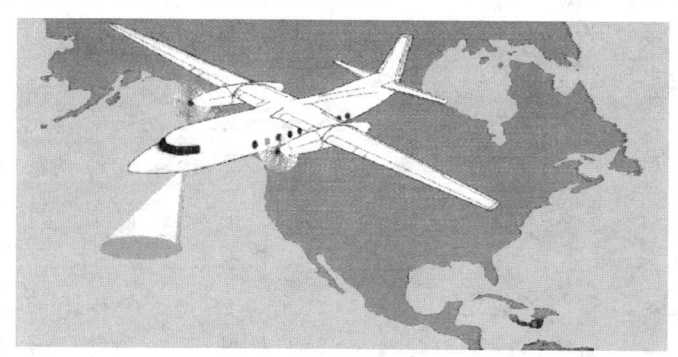

利用激光探测鱼群

现在,渔业发达的国家还在研究超声激光探鱼仪。

它通过海水介质、超声波和激光之间的相互作用,用声载激光进行鱼群探测,可以大大提高探鱼效率。

我国的激光探鱼技术也在不断发展之中。中国水产科学院同清华大学合作,于1988年研制成我国首台机载激光探鱼仪。在飞行速度160千米/小时,高度500米时,每小时可搜索海面12平方千米。该探鱼仪的性能指标已经达到了国外同类型探鱼仪的水平。

180. 天空为什么也是蓝色的?

"蓝蓝的天上白云飘",只要提到天空的颜色,人们首先想到的就是蓝色。我们已经知道,海水之所以呈现蓝色,主要是水分子的散射。那么,天空呈现蓝色是否也是因为空气中的微粒的散射呢?

经过研究,科学家发现天空呈现蓝色主要是由于大气分子散射造成的。高空中的大气分子总是在做无规则的热运动,结果一个区域的分子密度不断变化,一会儿变大,一会儿又变小。这种密度的变化会破坏大气的光学均匀性,从而导致光的散射。英国物理学家瑞利发现,散射光的强度与入射光波波长的4次方成反比,而太阳光中的红光因为波长长,散射比较少,而波长较短的蓝光则散射比较多,因此天空就呈现蓝色了。由于这种现象是瑞利最先发现的,人们把分子散射称为瑞利散射。可以说,如果没有大气的散射,人们就看不到蓝色的天空,即使是白天也只能看到漆黑的天空上挂着一个耀眼的火球——太阳。由于假设没有大气散射,太阳向其他方向发出的光都直射出去了,不会进入我们的眼中,所以对人眼来说它们就和没有一样。

181. 在什么条件下能看见传播的光束？

如果光束直射到眼睛上，人们可以感觉到光束的存在。如果从侧面观察一束光线，大家就会发现有的条件下能看到光柱，有的条件下又看不到光柱，这是为什么呢？

要想从侧面观察一束光线，需要在光束的传播途径中有散射微粒。这是因为散射微粒能改变光的传播方向，光的一部分被微粒散射后不再沿原来的方向前进，而是射向四面八方，其中必然有一部分会进入人们的眼帘，人们也就看到了传播的光柱。通常，人们把这种现象称为丁达尔现象，把这种散射称为丁达尔散射。在一个清洁的房间中，把门窗关上，只留一条小缝。当光线从外面射入时，我们看不到有光线，但是如果房间不太清洁，特别是空中有许多灰尘时，就可以很容易看到一束直射的光线。在舞台灯光设计中，为了加强灯光的表现力，设计师们往往会使用烟雾就是这个道理。

其实，不仅气体有这种散射现象，液体也是这样。如果让一束光线穿过一杯清水，我们在侧面看不见光路，可是只要往杯中滴入几滴牛奶，光的路径就会很清楚地显现出来。如果入射光是白色的，那么散射光就是浅蓝色的，透射光则略有些偏红，这是由于牛奶颗粒对不同颜色光的散射能力不同而引起的。

182. 利用电磁波能否探明海底的矿床？

科学家发现，海底岩石圈的电导率与它的物理化学性质、温度和含水量等因素有关。裂隙中充满海水的岩石和硫化矿物,都能使岩石的电导率增加两个量级以上,这可以用电磁波探测到。

通过对海底的电磁测量,推断出海底岩石圈的电磁性质,可用来研究海底岩石圈的结构、热力学过程和海底岩基的运动及海底矿床的形成。美国斯克里普斯海洋研究所的研究人员把发射源放在海底,然后用可在海底自由散布的接收器来测量电磁场。在19千米范围内测出0.25赫兹~2.25赫兹的极低频信号,提供了海底30千米深处的上地幔导电结构模型。

对深部岩石圈的探测,目前尚无其他有效的手段,因此海洋电磁学在这方面的研究就显得更加重要了。

183. 什么样的电磁波能在海洋中传播?

大家可能知道,在海水中电磁波会迅速地衰减,无法进行远距离传播。可是,电磁波在海水中为什么会衰减?有没有衰减较小的电磁波呢?研究发现,电磁波在海水中之所以会迅速衰减,是因为电磁波在传播时会激起海水的传导电流,致使电磁波的能量急剧衰减,而且频率愈高,衰减愈快。实验表明,兆赫以上的电磁波在海水中的穿透深度小于25厘米,海水对这种电磁波就成为很强的屏蔽层;而频率低于10赫兹的电磁波,在海水中的穿透深度可达5000米。因此,对于低频电磁波来说海洋就是完全可穿透的了。这种极低频的电磁波,可用于陆地对大洋深处的核潜艇通讯和海底地壳物理探矿,是海洋电磁学研究的一项主要内容。

184. 利用电磁波能否与水下的潜艇通讯？

在海洋中,潜艇与潜艇之间主要是通过通讯声呐来相互通讯的,也就是说,它们之间主要是通过声波来传递信息的,可是声波无法实现潜艇与陆地目标之间的通讯。其实,陆地、舰艇和飞机与水下潜艇进行通讯时,可以使用电磁波,只不过要求电磁波的波长在万米以上(频率低于30赫兹)。这种电磁波可以在地球表面和高度为70千米～80千米的电离层所构成的两个同心反射层之间传播,然后垂直透入海水中。水面以下30米深处的潜艇还能收到这种电磁波。如果从陆地上和藏在大洋深处的核潜艇通讯,就只能使用更低频率的电磁波,通常要求电磁波的波长在百万米以上。实验证明:潜航于120米深的核潜艇用300米长的拖曳接收天线,能顺利地收到460万米的极长波指令。使用超长波和极长波对潜艇通讯,其优点是不受磁爆、核爆炸和太阳黑子的影响,缺点是天线尺寸太大,而且保密性很差。

海洋物理

探索海洋的高新技术

185. 什么是海洋遥感？

海洋遥感是指利用传感器对海洋进行远距离、非接触式观测，以获取海洋景观和海洋要素的图像或数据资料的一门科学。

你是不是觉得有些奇怪，为什么不接触海洋，在空中就能测量海洋的参数呢？说起来道理也很简单，这是因为海洋不仅会向周围环境辐射电磁波，还会反射或散射太阳和人造辐射源（如雷达）射来的电磁波，因此，只要设计一些专门的传感器，把它装载在人造卫星、宇宙飞船、飞机或气球等携带的工作平台上，接收并记录这些电磁波，再经过传输、加工和处理，就能得到海洋的图像或数据资料。

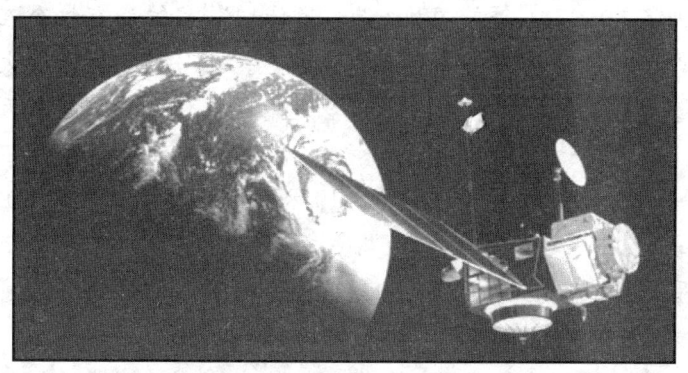

海洋卫星遥感

遥感观测有主动式和被动式两种不同的方式。所谓主动式遥感，就是先由传感器向海面发射电磁波，再从接收到的回波中提取海洋信息的遥感方式。这类传感器主要包括侧视雷达、微波散射计、雷达高度计、激光雷达和激光荧光计等。被动式遥感则是利用传感器直接接收海面热辐射能或散射太阳光和天空光的能量,从中提取海洋信息的遥感方式。这类传感器主要包括各种照相机、可见光和红外扫描仪、微波辐射计等。

186. 海洋遥感是从什么时候开始的?

海洋遥感技术的利用始于第二次世界大战期间。最早是用于河口海岸制图和近海水深测量。从那以后,航空遥感技术就在海洋环境监测、近海海洋调查、海岸带制图与资源勘测等方面被广泛应用了。

1960年4月,美国宇航局发射了第一颗电视与红外观测卫星"泰罗斯-1",随后发射的"泰罗斯-2"卫星开始涉及海温观测,这是人类首次将卫星资料应用于海洋学的研究上。1961年美国执行"水星计划",宇航员有机会在高空亲眼观察海洋。其后,阿波罗宇宙飞船又获得了大量的有关海洋的彩色图像和多光谱图像。尽管这些航天计划主要试验目的是空间技术,但它向人们展示了用卫星观测和研究海洋的潜力。1978年美国发射了"海洋卫星-1",1987年日本发射了"海洋观测卫星-1"以及气象卫星、地球环境卫星等多种卫星用于海洋探测,使海洋遥感技术一跃成为研究海洋的重要手段之一。

由于遥感技术具有快速、同步、大范围地实时获取海洋资料的能力,因此海洋遥感技术已在海洋学研究的各个方面广为应用,并在内波、中尺度涡旋、大洋潮汐、极地海水观测、海—气相互作用等方面的研究中取得了令人瞩目的成就。

187. 为什么要用海洋遥感技术研究海洋？

我们知道,无论是开展海洋科学研究,还是进行海洋开发活动,都要以获取大范围的实时精确海洋环境数据为基础。然而,要获取大量准确的海洋环境数据并不是件容易的事情。千百年来,人类为了开发海洋,利用海洋,总是不停地探索着征服海洋的技术和方法,从独木舟、帆船,发展到远洋考察船,直到今天的大型海洋调查船。但是,这些调查设备只能获得海洋中点、线、面的区域性资料,还不能对大面积海区,甚至整个大洋进行同时而又系统的调查和观测。

海洋遥感技术,特别是卫星遥感技术的出现,为人们提供了从空间观测大尺度海洋现象的可能。卫星在上千千米的高空绕地球运

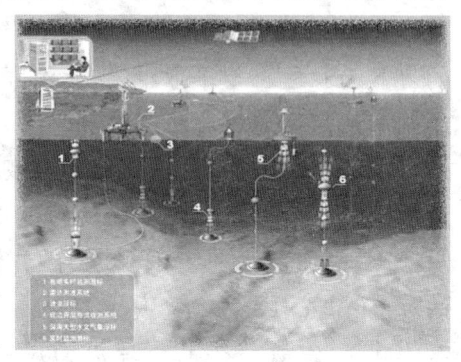

现代化海洋观测示意图

转,"站得高,看得远",不仅视野开阔,而且观测速度极快,是许多常规观测方法无法比拟的。

迄今为止,谁也不会怀疑海洋遥感技术是现代化海洋观测技术的重要组成部分。这是因为以卫星遥感为主的海洋遥感具有大范围、同步、快速与连续观测等优势,适合海洋广阔、连续和动态水体的特点。作为一种新的海洋观测手段,卫星遥感技术不仅在很大程度上弥补了

海洋调查资料与数据缺乏的问题,而且还把海洋研究推上了一个新的发展阶段。

188. 海洋卫星遥感技术的优势在哪里?

海洋卫星遥感与常规的海洋调查手段相比具有许多独特的优点,主要表现在以下几个方面:

第一,它不受地理位置、天气和人为条件的限制,可以覆盖地理位置偏远、环境条件恶劣的海区及由于政治原因不能直接去进行常规调查的海区。卫星遥感是全天时的,其中微波遥感是全天候的。

第二,卫星遥感能提供大面积的海面图像,每幅图像的覆盖面积达上千平方千米,对海洋资源普查、大面积测绘制图及污染监测都极为有利。

第三,卫星遥感能周期性地监视大洋环流、海面温度场的变化、鱼群的迁移、污染物的运移等。

第四,卫星遥感获取的海洋信息量非常大。以美国的"海洋卫星-1"为例,虽然它在轨道上有效运行的时间只有105天,但所获得的全球海面风向、风速资料,相当于20世纪以来所有船舶观测资料的总和,卫星上的微波辐射计对全球大洋做了100多万次海面温度测量,相当于过去50年来常规方法测量的总和。

第五,同步观测风、流、污染、海—气相互作用和能量收支情况等必须在全球大洋同步观测的海洋现象,这只有通过海洋卫星遥感才能做到。

189. 海洋遥感技术可分为哪两大类?

海洋遥感技术是研究海洋、开发海洋的重要手段之

海洋物理

一。海洋遥感技术实际上可分为两大类：一类是海洋航空遥感技术，它主要是利用飞机作为工作平台；另一类是海洋航天遥感技术，它是利用人造卫星作为工作平台。虽然航空遥感和航天遥感的工作平台不同，但实际上它们的工作过程大体相仿，都是从空中远距离观测海洋。

海洋航空遥感

航空遥感不像卫星遥感受轨道限制，具有机动性能好、分辨率高、便于海空配合、投资少和技术难度小等优点，是遥感技术中不可缺少、不可替代的一部分，特别适合于区域性、实验性的观测活动，是航天遥感的技术基础和重要辅助手段。

随着航天技术的发展与成熟，人们开始利用卫星搭载各类遥感器进行海洋的研究开发。由于卫星的运行轨道更高，所以更适合于大面积、同步海洋观测活动。从用途上讲，人们先后发射了气象卫星、低轨道航天器、陆地资源卫星和海洋遥感卫星等。从近些年来各国科技发展的趋势看，人们更为注重海洋遥感卫星。这是因为海洋遥感卫星可以为海洋环境监测、海洋资源开发和海洋科研提供全球海洋现象及过程的动态信息。

190. 我国的海洋遥感技术现状如何？

我国的海洋遥感技术始于20世纪70年代。这些年来，我国在海洋遥感技术方面取得了比较快速的发展，主要反映在两个方面。

一方面是利用国外气象卫星和陆地卫星的资料，开展空间海洋应用研究，解决我国海洋开发、科学研究等实际问题。例如，进行海岸带资源调查、岛礁调查、渔场渔况预报、河口泥沙运移及近海污染调查等。目前，我国利用国外卫星获取海洋遥感数据，主要是美国国家海洋和大气局的气象卫星系列、日本气象卫星系列、美国陆地资源卫星系列。我国的海洋、气象工作者经常利用这3个卫星系列开展研究工作，已经解决了不少国内急需的海洋开发和海洋气候预报等方面的问题。

"海洋-1"B海洋卫星

另一方面，在借用国外先进技术的同时，我国还自行研究发展卫星遥感技术。1988年我国成功发射"风云-1"A极轨气象卫星，揭开了我国气象卫星及海洋卫星的新篇章。到2008年底，我国已成功发射了4颗"风云-1"A极轨气象卫星和5颗"风云-2"静止气象卫星。"风云-3"A星也于2008年5月27日成功发射，目前已经投入业务运行。

其中,1990年9月成功发射的"风云-1"B星,是一颗太阳同步轨道卫星,高度约800千米,卫星平台上安装有可见光/红外扫描辐射计,共有5个波段,其中有3个可见光波段、1个近红外波段和1个远红外波段。同时,卫星上还有2个绿蓝波段为海洋窗口,用于海水水色遥感探测。

2002年5月15日9时50分,"海洋-1"A星在太原卫星发射中心成功发射升空。"海洋-1"A星是我国的第一颗海洋卫星,它的成功发射是我国海洋水色遥感划时代的里程碑,自此结束了我国没有海洋卫星的历史,也使我国跻身于世界海洋空间观测强国之列,意义重大,影响深远。与"海洋-1"A星相比,2007年4月发射升空的"海洋-1"B星,提供的信息量增加了3倍以上,使用价值成倍增长。

191. 揭开海洋卫星遥感新纪元的标志是什么?

从海洋卫星遥感的发展过程来看,它经历了两个阶段:第一阶段是气象卫星和陆地卫星的海洋应用阶段,第二阶段是海洋卫星应用阶段。后一个阶段是从1978年美国发射海洋实验卫星"海洋卫星-1"号开始的。1978年,美国国家宇航局发射了3颗卫星,为海洋观测和研究提供了一种崭新的技术手段。这3颗卫星分别是喷气动力实验室研制的"海洋卫星-1"号卫星、戈达德空间飞行中心研制的"泰罗斯-N/诺阿"和"雨云-7"号卫星。它们充分展现了卫星对海洋的监测能力。

第一颗海洋实验卫星"海洋卫星-1"号上装载了微波辐射计、微波高度计、微波散射计、合成孔径雷达、可见红外辐射计5种传感器。可提供的海洋信息包括海表温度、海面高度、海面风场、海浪、海冰、海底地形、风暴潮、水汽和降雨等。虽然因为电源故障,"海洋卫星-1"号的有效运行时间仅105天,但它却获得了大量的、宝贵的海洋信息。因此,"海洋卫星-1"号被称为卫星海洋遥感的里程碑。

"泰罗斯-N/诺阿"号卫星上装载的高级甚高分辨率辐射计能提供高分辨率的可见光和红外云图,以及海表温度、热量收支和冰雪覆盖等信息。它的业务垂直探测器为大气垂直结构提供了更精细的估计值。"泰罗斯-N/诺阿"奠定了卫星海表温度进入气象、海洋业务化预报的基础。

美国的"海洋卫星-1"

"雨云-7"号卫星上装载了7台传感器,其中多通道扫描微波辐射计和海岸带水色扫描仪与海洋观测有关。海岸带水色扫描仪专用于海色测量,它奠定了海色卫星遥感的基础。1978—1986年间,它提供了8年的全球海色图像以及海洋次表层叶绿素浓度参数。

应该说,这3颗卫星构成了海洋卫星发展的三部曲,它们也标志着卫星海洋遥感新纪元的开始,并反映了可见光、红外、微波海洋遥感的概貌。

192. 遥感卫星的种类有哪些？

遥感卫星泛指搭载了遥感器,从宇宙空间对地观测地球资源与环境的各种人造地球卫星。按其主要用途的不同可以分为气象卫星、陆地卫星、海洋卫星和军事卫星等,根据卫星运行轨道的不同可以分为极地轨道卫星、太阳同步轨道卫星和静止轨道卫星(地球同步轨道卫星)。

从1957年世界上第一颗人造卫星升空起,许多国家都争先发射遥感卫星,美国、俄罗斯、法国、日本、中国和印度的遥感卫星发展都很迅速,而韩国、以色列、南非、巴西也计划发射自己的遥感卫星。气象和海洋遥感卫星占整个遥感卫星的主要地位,被广泛应用于天气预报、海浪预报、全球环境变化监测等方面。

气象卫星是对地球及其大气层进行气象观测的人造地球卫星。它能大范围地、及时迅速地、连续完整地对气候"察颜观色",并把云图等气象信息发给地面用户。到目前为止,美国、俄罗斯、日本、欧洲空间局、中国和印度等共发射了100多颗气象卫星。

陆地卫星曾经被称作资源卫星,是勘测和研究地球自然资源的卫星。它能"看透"地层,发现人们肉眼看不到的地下宝藏、历史古迹、地层结构,能普查农作物、森林、海洋、空气等资源,能预报和鉴别农作物的收成,考察和预报各种严重的自然灾害和环境污染,拍摄各种目标的图像,借以绘制各种专题图(如地质图、地貌图、水文图等)。

海洋卫星是在气象卫星和陆地卫星的基础上发展起

来的,它装有各种遥测设备,可在各种天气里观察海水特征(如海温、海浪、海冰、水色、叶绿素含量等),测绘航线,或寻找鱼群等。

军事卫星的任务就是窃取军事情报,它站得高看得远,既能监视又能窃听,是个名副其实的超级间谍。军事卫星根据执行任务和侦察设备的不同,可分为照相侦察卫星、电子侦察卫星、海洋监视卫星和预警卫星等。

193. 什么是卫星海洋遥感系统?

应用空间遥感技术观测和研究海洋,已经形成了一门新的海洋学科分支——卫星海洋学,它是利用电磁波和大气与海洋的相互作用原理,从卫星平台观测和研究海洋的分支学科。目前,世界上使用和研制的海洋遥感卫星主要有海洋水色遥感卫星、海洋微波遥感卫星以及使用波段从可见光、红外到微波的序列化海洋卫星,以满足各类研究和观测的需要。

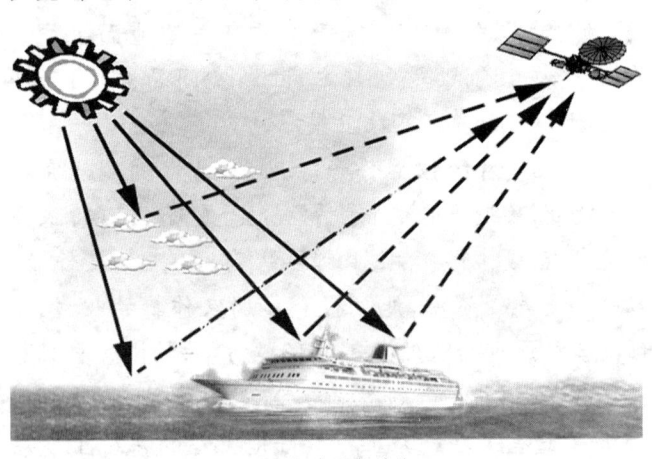

卫星海洋遥感系统

海洋物理

实际上,卫星海洋遥感系统和其他的遥感系统一样,主要包括3个部分,即空间信息采集系统、地面接收和预处理系统与信息分析处理系统。空间信息采集系统包括观测海洋的卫星传感器、支撑着传感器及其供电电源的运载装置以及把信息传输到地面的无线电设备;地面接收和预处理系统就是人们通常所说的卫星地面接收站,它除了接收卫星数据外,还要完成辐射校正和几何校正;信息分析处理系统主要是由高性能的计算机和网络构成。由此可见,卫星海洋遥感系统的确是一个复杂而又庞大的系统。

194. 谁是海洋卫星的"火眼金睛"?

神通广大的海洋卫星是怎样探测海洋的呢?其实,这都要归功于海洋卫星上的"火眼金睛"——传感器。目前,海洋卫星上使用的传感器,大部分是微波传感器。它不仅视野广阔,看得很远,能看到许多人眼看不见的东西,而且不管白天黑夜,还是阴天下雨,都能对海洋进行"全天候"的探测和识别。

微波传感器有无源和有源之分。无源传感器也称被动微波传感器,它本身没有电磁波发射源,只靠被动接收目标辐射或反射的电磁波进行探测。比如微波辐射计就是典型的无源传感器,它通过测量海面自然发射或反射的辐射来获取海面的温度信息。有源传感器也叫主动微波传感器,它本身可以发射电磁波,然后通过接收目标的回波来完成探测和识别的任务。这类传感器所获得的回波与日照的变化无关,所以图像清晰,比较容易判读。目前,海洋卫星上使用的雷达高度计和合成孔径雷达都是有源传感器,可用来获取海洋水准面、重力异常、表层流量、潮汐高度、波浪高度、风速、冰盖等资料。

195. 用于遥感观测的传感器有哪些?

从上面的介绍知道,传感器是各类遥感设备的"火眼金睛",无论是航空遥感还是航天遥感都是利用传感器来获取信息的。可是,传感器是怎样获取目标信息的呢?它的家族又有哪些成员呢?

目前,从空中观测海洋的所有传感器,都是根据电磁辐射原理来获取海洋信息的。遥感技术采用的电磁波包括可见光、红外、微波和无线电。其中,可见光谱范围在0.4微米～0.7微米,红外波谱在1微米～100微米,微波波段在0.3微米～3000微米。别看它们都是电磁波,由于它们的波长不同,本领也就大不一样了。

通常,可见光和红外传感器有较高的空间分辨率,获得的海洋图像十分清晰逼真,但是,可见光传感器只能在白天工作,一到晚上就变成了瞎子,什么也看不见。红外传感器虽然可以使卫星实现昼夜观测,但每当天空阴云密布或雷雨交加时,红外传感器也会受到干扰。微波是介于红外和无线电之间的电磁波,虽然它的空间分辨率较低,但它不仅可以昼夜工作,而且具有一定的穿透云层、雨雪、地面植被的能力,真是个威力无比的家伙。所以,目前海洋卫星上的传感器大多都是微波传感器。

196. 海洋遥感卫星是怎样测量海面风场的?

海面的风速、风向对于预测天气的变化、灾害的发生等都十分重要。因此,科学家一直在寻求获得海面风速、风向资料的有效手段。雷达散射计正是为了这一目标而设计的。

雷达散射计也称微波散射计,这是一种主动式斜视观测的微波装置。你也许已经注意到水面的涟漪,它与风的大小和方向密切相关。不难想象,如果将一束微波照射到水面上,那么反射回来的信号肯定与水面的涟漪有关,因此,通过接收到的回波信号就能推测出水面风的情况。雷达散射计正是将特定频率的微波脉冲照射到粗糙海面,然后,通过测量由风引起的粗糙海面对微波产生的散射信号,进而推算出海面风速、风向和风应力以及海面波浪场。当然,这只是一个简单的工作原理而已,实际情况可要复杂得多。

当然,测量的精度与散射计的工作频率、观测角、天线极化方式、大气传输校正及所用的反演算法有关。"海洋卫星-1"号上的雷达散射计的风速测量准确度达±2米/秒,风向测量准确度为±20°。利用散射计测得的风浪场资料,为海况预报,特别是为台风和热带气旋预报,提供了丰富可靠的依据,为海岸和近海工程设计提供了科学的数据。

197. 海洋遥感卫星是怎样测量海面高度的?

你知道吗?海面的高度并不是一成不变的,它除了受制于地球重力场的影响外,还受到海流、波浪、潮汐、降水、融冰、气压等海洋和大气过程的影响,因此,测量海面高度的变化对于研究海洋具有十分重要的意义。可是,怎样才能大面积地监测海面高度的变化呢?

为了能够实时、动态地监测海面高度的变化,科学家开发了雷达高度计。雷达高度计也称微波高度计,是一种主动式微波传感器。雷达高度计由一台脉冲发生器、一台灵敏接收器和一台精确的时钟构成。脉冲发生器从空中向海面发射一系列极其狭窄的雷达脉冲,接收器检测经海面反射的电磁波信号,再由时钟精确测量脉冲发射和接收的时间间隔,就能算出卫星与海面之间的距离,而卫星的高度又是已知的,所以,就不难算出海面的高度了。

-120　-80　-40　0　40　80　120
海面高度(毫米)

遥感卫星测得的全球海面高度

有了雷达高度计就不难测出海面的高度变化,因此,它可以广泛地应用于大洋环流、海洋潮汐、中尺度涡旋、大地水准面与重力异常等方面的研究。利用星载高度计测量出赤道太平洋海域海面高度的时间序列,就可以分析出海面大尺度波动传播和变化的特征,还能对"厄尔尼诺"现象的出现和发展进行预报呢!

198. 为什么合成孔径雷达具有较高的图像分辨率？

合成孔径雷达是一种主动式微波成像雷达，它被认为是最有效、最有潜力的卫星传感器。这主要是因为它具有良好的空间分辨率，可与光学遥感图像相比拟，同时它又具有光学遥感器所没有的全天时、全天候工作的特点。其实，合成孔径雷达的基本工作原理并不复杂，正如光学系统需要大的透镜来获得较高分辨率一样，雷达也需要较大的天线或孔径来产生详尽的图像。合成孔径雷达就是利用雷达与目标的相对运动，把较小尺寸的真实天线孔径用数据处理的方法合成一个较大尺寸的等效天线孔径，从而提高了它的空间分辨率。

自从在海洋卫星上试验成功后，许多后续发射的航天器上都相继搭载了不同类型的合成孔径雷达。例如，欧洲空间局的"遥感卫星-1"、前苏联的"金刚石"、日本的"地球资源卫星-1"和加拿大的"雷达卫星"等卫星上都载有以观测海洋和海冰为主的合成孔径雷达。现在，合成孔径雷达除成功应用于海浪、海冰研究外，还在内波、浅海地形和污染监测中得到了广泛的应用。

199. 海洋遥感卫星是怎样测量海面温度的？

在日常生活中，每个人都免不了有头痛脑热的时候，每当这时，我们就会用体温表来测一下体温。同样，为了研究海洋问题，人们也必须测量海水的温度，尤其是表层海水的温度。过去，人们都是乘坐调查船带着温度计到大海中去实测，可是这种方法不仅费时费力，而且获得的数据还很有限。自从有了人造卫星以后，人们开始考虑，能不能利用卫星从遥远的太空直接测量海洋表面的温度呢?

我们知道,除了绝对黑体外,所有的物体都会产生热辐射,而且辐射的强度和波长与物体的温度密切相关,这在普朗克辐射定律中描述得十分清楚。因此,通过测量海面的热辐射就能测量海水的温度,根据这一原理,科学家设计并制造了微波辐射计。微波辐射计是一种被动微波传感器,它通过测量海面的热红外辐射来遥感海面的温度。以美国"泰罗斯-N"卫星上的甚高分辨率辐射仪为代表的传感器,可以精确地绘制出海面分辨率为1千米、温度精度优于1℃的海面温度图像。

200. 多光谱扫描仪在海洋观测中的作用是什么?

多光谱扫描仪和海岸带水色扫描仪均为被动式传感器,工作在可见光、近红外和远红外波段中。例如,装载在"雨云-7"号上的海岸带水色扫描仪就是一个以可见光通道为主的多通道扫描辐射计。前四个通道位于可见光范围,中心波长分别为 0.443 微米、0.520 微米、0.550 微米和 0.670 微米;第五个通道位于近红外波段,中心波长为 0.750 微米;第六个通道位于远红外波段,波长范围为 10.5 微米～12.5 微米。这个扫描仪可用来测量海洋水色、悬浮泥沙、水质等。

而在海洋中,海洋浮游植物是有机物的初级生产者和能量的主要转换者,它的数量变化直接影响海洋中鱼虾等生物资源的数量变化。通常以叶绿素浓度,即水色,来表示浮游植物的含量。根据这一含量再配合温度资料就可以预报、预测中心渔场和渔汛,既能有效地开发渔业资源,又能避免过度捕捞。研究表明,叶绿素对 0.443 微米的光有最强的吸收能力,对 0.520 微米的光吸收能力较弱,但还是要比海水的吸收能力强,对 0.550 微米光的吸收能力最弱。正是由于叶绿素和海水有不同的吸收特性,因此,人们可以利用中心波长为 0.443 微米、0.520 微米和 0.550 微米的波段遥感出海面叶绿素的浓度。

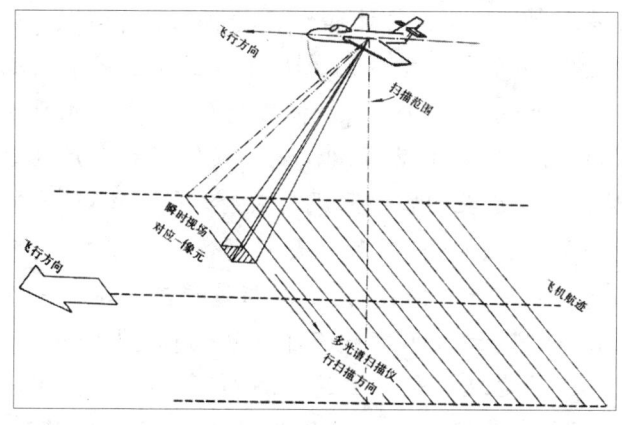

多光谱扫描仪扫描过程

除此以外,多光谱扫描仪还可以广泛应用于监测进入海洋中的陆源污染水体的迁移、扩散等动态变化,监测海洋石油污染及其扩散情况,监测赤潮的形成及发展状况,提供海岛岸线、潮滩及河口三角洲研究影像资料等。

201. 海洋遥感取得了哪些新成就?

由于卫星遥感在海洋环境和资源探测方面的广泛用途和独特能力,近年来海洋卫星遥感技术异军突起,已成为海洋高技术发展的一个重要领域。

1978年,美国发射了第一颗海洋遥感卫星,开辟了空间海洋学的新时代。进入20世纪90年代,国外又先后发射了SPOT-2(法国)、MOS-1b(日本)和ERS-1(欧洲空间局)三颗海洋卫星。迄今为止,全世界已经发射了几十颗海洋开发与研究卫星,与此同时,星载传感器也取得了很大的进展。雷达高度计已发展到第五代,合成孔径雷达发展到第三代,散射计和水色扫描仪发展到第二代。特别是1991年7月发射的ERS-1号卫星上安装有新一代的主动微波计、高度计、扫描辐射计、微波探测计和精确测距计等,其中主动微波计包括成像模式合成孔径雷达、波模式合成孔径雷达和风向散射计等三个部分,可以测量海面风场、波谱,同时全天候提供极地冰盖、海岸带和陆地高分辨率的图像,是卫星微波遥感技术的一个突破,标志着20世纪90年代海洋卫星遥感技术的新水平。

对于海洋环境和灾害的监测和预报来说,卫星遥感是个关键技术,因为利用卫星监测海洋,具有大范围、准同步的特点,它可以随时提供地面上无法得到的全球海洋表面的海况情报。极轨卫星观测的云图,由于受卫星轨道的限制,每天只有2幅~3幅云图数据,主要用作远洋航海等气象海洋环境资料。静止卫星观测的云图则没有这种限制,每天可以多达24幅,非常适合对台风的监视和监测。预报人员利用它可以及时准确地得到台风的移动路径和中心位置。我国的渤海和黄海北部每年冬季都有结冰现象发生,冰情状况直接影响海上油气资源开发、航海运输和港口作业。卫星遥感可以得到海冰实况图、冰厚、冰密集度、冰外缘线和冰温等,预报人员再结合当地的气象条件,还可以对海冰的发展趋势作出预测,从而保证涉海生产和海洋工程的安全。此外,海洋遥感还在长期连续大范围的海面温度监测、赤潮监测和渔业遥感等方面发挥重大的作用。

以"海洋-1"A星为起点,我国逐步建立海洋水色环境系列卫星("海洋-1")、海洋动力环境系列卫星("海洋-2")、海洋监视监测系列卫星("海洋-3")等3个系列卫星体系。随着海洋系列卫星及地面应用系统的建设,必将为我国海洋事业发展、国民经济和国防建设作出更大贡献。

202. 什么是海洋卫星?

所谓海洋卫星就是专门为观测海洋、研究海洋,以及海洋环境调查和资源开发利用而设计发射的一种人造地球卫星。它是地球观测卫星中的一个重要分支,是在气象卫星和陆地资源卫星的基础上发展起来的,属于高档次的地球观测卫星,包括军用海洋监视卫星、综合性的海洋观测卫星、各种专用的海洋学研究卫星等。

海洋卫星

你们知道吗？通信卫星遨游在3.6万千米的地球同步轨道上，而海洋卫星飞行在600千米～900千米的太阳同步轨道上，可见海洋卫星的运行轨道要比通信卫星的运行轨道低得多。由于海洋卫星与地球绕太阳公转的方向和速度相同，所以它经过每一海区上空时，都有极好的太阳光照，因而获取的海洋图像非常清晰，分辨率高。另外，科学家还特意将卫星的路径纳入"回归轨道"。这样，卫星可以重复多次飞越同一地区上空，这就为得到精确和动态的海洋信息提供了保证。只是，卫星既要飞行在太阳同步轨道上，又要沿"回归轨道"运行，因此卫星上的轨道控制系统的精度要特别高，才能自动地修正轨道的倾角和周期偏差。

由于海洋水体是流动的，水体信息是纯三维的，对海洋的监测必须穿越云层，并有着和气象监测、资源探测不同的时间和空间尺度要求，所以海洋遥感通常以微波遥感为主，辅以专用可见光与通用红外遥感。美国自1978年发射"海洋卫星-1"和"雨云-7"以来，利用海洋卫星获得了巨大的经济和社会效益，因此各国也相继发展本国的海洋卫星。尤其是在20世纪90年代，海洋卫星进入高速发展时期，已发射或即将发射的卫星有海洋水色类卫星、海洋地形类卫星、海洋环境类卫星等。

203. 海洋水色卫星的主要作用是什么？

众所周知，太阳辐射到海洋表面的能量约占总辐射能量的30%，而其余的70%能量则被大气吸收和散射了。入射到海面的太阳辐射能，一部分透射进入海水中，另一部分被海水吸收或者反射回空中。透射入水的太阳辐射,主要是波长为 0.40 微米～0.76 微米的可见光,其中蓝绿光的透水性能最好,在清洁的海水中可透过几十米深的水域。透射入水的辐射光,经水分子、浮游生物、悬浮物等散射,其中一部分离开水面反射出来,而反射强度的大小用离水辐射率表示。由于海洋的离水辐射率与海水中的浮游生物、悬浮物等有关,所以通过离水辐射率的测量就可以反演出海水中的浮游生物和悬浮物等信息。

星载水色探测器就是根据这一原理制成的仪器,主要是用于测量海洋的离水辐射率。通过离水辐射率可以推算出海水中叶绿素浓度及悬浮物含量等海洋环境要素。因而,它对海洋初级生产力、海洋生态环境、海洋通量以及渔业资源等的研究具有重要意义。

204. 海洋水色卫星的主要特点是什么?

在专门的海洋水色卫星出现以前,海洋学家只能利用气象卫星和陆地资源卫星进行海洋研究。但是,海洋水色探测毕竟与气象探测和陆地资源探测有所区别,有其独特的特点。这主要表现在:海洋水体的反射辐射强度低,要求探测器具有较高的灵敏度和高信噪比;要求水色探测器的光谱分辨率高,波段数目较多。比如,可见光及近红外波段最少 6 个～8 个,热红外 2 个～4 个;要求地面覆盖周期为 2 天～3 天,并避免海面太阳耀斑。这些要求,现有气象卫星和陆地卫星都难以满足。

我国于 1988 年和 1990 年发射了两颗"风云-1"气象

卫星,卫星上遥感器有2个海洋水色探测通道。在没有专门海洋水色卫星的情况下,这2个海洋水色探测通道发挥了较大作用,引起了国内外的极大关注,使我国海洋水色遥感从航空向航天迈出了重大的一步,也为我国发射海洋水色卫星打下了基础。1999年,我国又发射第三颗"风云-1"气象卫星,该卫星上虽然有3个海洋水色通道,但它

我国发射的海洋观测卫星

还是不能满足海洋业务应用和国际海洋环境科学研究的需求。

2002年5月15日,"海洋-1"A星与"风云-1"D星一起,在太原卫星发射中心以一箭双星方式成功发射升空。"海洋-1"A星是应我国国家海洋局要求研制的一颗试验业务卫星,主要用于海洋水色色素的探测。星上装载2台遥感器,一台是10波段的海洋水色扫描仪,另一台是4波段的CCD成像仪。2007年4月,"海洋-1"B星发射成功。该卫星在"海洋-1"A星基础上研制,其观测能力和探测精度进一步增强和提高。它主要用于探测叶绿素、悬浮泥沙、可溶有机物及海洋表面温度等要素和进行海岸带动态变化监测,为海洋经济发展和国防建设服务。

205. 海洋水色卫星与气象卫星的主要差别在哪里?

过去,海洋学家都是利用气象卫星和陆地资源卫星

海洋物理

进行海洋遥感研究的,今天,许多国家都已先后发射或即将发射专门的海洋水色卫星。那么,海洋水色卫星与气象卫星的主要差别在哪里呢?

海洋水色卫星与气象卫星的主要差别在于它们观测的对象不同,前者必须获取海面的光散射,而后者则是对云和大气"察颜观色"。而云正好位于海面和卫星之间,因此,要想看清海面就必须穿过云层。从技术上考虑,"气象"与"海洋"两者相结合的卫星存在以下无法解决的矛盾:

首先,气象卫星的信噪比难以满足海洋水色探测要求。海洋水色要素的反射辐射量甚微,通常只有气象遥感目标(云与大气)反射辐射量的几十分之一。例如,我国的"风云-1"气象卫星遥感器的信噪比为100~200,而水色遥感所需信噪比至少是1500才可能探测到海洋水体中水色成分的浓度变化。

其次,两者的动态范围也很难一致。云和雾是气象遥感的信息源,同时也是海洋遥感的噪声源。通常海面的反射率只有3%~10%,而云的反射率可达30%~90%,可见云的反射率是海面反射率的几十倍。因此,通道的增益很难控制,满足了海洋遥感信号的要求,就会使云和雾的反射信号饱和;反之,海面水色信息又难以提取。这就像要在同一盘磁带上同时录下霹雳的巨响和蚊子的嗡嗡声一样困难。

206. 海洋卫星的主要用途有哪些?

卫星在太空中遨游,既不受四季寒暑的影响,也不拘于地理条件的约束,能够随意跨越高山、海洋、沙漠和极地,因此,卫星的作用非常巨大,担负的工作也沉重繁多。海洋卫星就是专门为了研究海洋、开发海洋而设计制造的人造地球卫星,它的主要用途有:

海洋环境的研究、监测及预报方面。用于海气交换研究、大洋污染和中尺度动力过程研究、海面地形和水下地形测量,用于海洋污染监测、全球海面风和海浪的连续观测、全球海面温度场及大气含水量的测量、内波的发现和监测。

海洋资源的开发利用方面。为海洋管理、海岸带和海岛资源开发、海洋环境保护和治理提供依据;为保证海上生产安全,提供灾害性海况监测预报;为海上渔场的渔情分析预报提供依据。

减灾防灾方面。除进行水灾、森林火灾、旱灾和虫灾的监测外,主要用于风暴潮、巨浪、灾害性冰情以及"厄尔尼诺"现象的监测和预报。

军事应用方面。用于对固定(导弹发射场、海军基地、机场)和活动(水面舰艇、地面部队)的军事目标进行侦察和监视,用于军事测绘和制图,为海上作战和登陆作战提供潮汐、海流、浅海水深等海况资料。

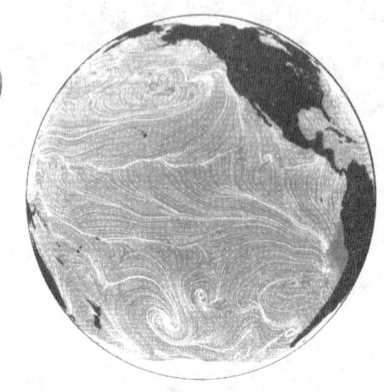

海洋卫星描绘的风场

207. 什么是渔业遥感技术？

同学们，当你们尽情地享用那些美味的海鲜时，不知你们是否想过在捕鱼时甚至连飞机和卫星都用上了？的确，实际情况就是如此，因为现在捕鱼时已经使用了一种新的探鱼技术——渔业遥感技术。渔业遥感技术是通过安装在飞机或卫星上的传感器来测定与鱼群分布有关的海洋信息，间接地发现鱼群，然后通过无线电波与渔船联系，告知鱼群的种类、规模和位置。

渔业遥感技术是一种综合的探鱼技术，主要特点是探测范围大、速度快、信息量大。卫星渔业遥感得到的海况参数比飞机遥感范围更大、速度更快、信息量更多。通过对遥感探鱼技术收集的资料进行分析可作出渔况预报，这就显著地缩短了渔船的海上作业时间，降低了燃料费用，提高了劳动生产率。

随着电子技术和计算机技术的飞速发展，我国遥感渔情预报技术也取得了很大的进展。从1982年开始，我国渔业部门利用所接收的日本渔业服务中心发布的"诺阿"卫星海况渔况速报图进行渔业生产，取得了很好的效果。1987年，我国国家海洋局第二海洋研究所利用"诺阿"气象卫星红外遥感资料制成黄海、东海海面温度场图像以及东海、黄海海况渔况速报图，经过大连、上海、宁波、舟山等10多个海洋渔业单位接收试用，在提高渔获量和节能省时方面，效果十分明显。

在国家"九五"计划期间，国家"863"计划海洋领域又开展海洋渔业遥感信息服务集成系统的研究，把卫星遥感技术、地理信息系统技术和人工智能专家系统相结合,进行渔情信息分析与预报,并实现业务化运行。在国家"十五"计划期间,我国的渔场预报工作转向了大洋渔场,实现了针对太平洋柔鱼和大洋金枪鱼的渔汛汛期和未来渔场位置预测的业务化工作,预报周期为每周一次,并首创在中小型渔船上利用卫星接收系统接收"诺阿"和"风云"卫星的水温遥感数据以及美国宽视场海洋水色扫描仪、中分辨率成像光谱仪和"海洋-1"卫星等遥感水色资料,实现了海况产品的自动制作功能。制作成的北太平洋渔场速报产品,在2年的业务试运行作业期间,取得了明显的社会和经济效益,使我国的渔业遥感技术应用基本达到国际先进水平。

208. 我国海洋卫星的应用发展目标是什么?

截止到2007年12月31日,"海洋-1"B卫星共运行265天,制作探测计划1371轨,其中对中国海域和陆地探测522轨,夜间数据回放218轨,单载波测试2轨,境外探测629轨,探测区域已覆盖全球。目前,海洋卫星数据得到了进一步的推广和应用,在海洋资源开发与管理、海洋环境监测与保护、海洋灾害监测与预报以及海洋科学研究和国际与地区合作等领域发挥了重要作用。

海洋是人类生命的摇篮,也是未来人类社会持续发展的重要基地。目前以海洋卫星为中心,利用飞机、船舶、观测台站、浮标、石油平台和地面数据中心构成的现代海洋环境立体监测网,可对海底地形、渔藻分布、热带气旋、黑潮和"厄尔尼诺"现象等进行十分有效的动态监测。

海洋物理

我国东临太平洋,海域面积约 300 万平方千米,为陆地面积的三分之一,海洋监测任务十分繁重。为此,我国将要发展 3 个系列的海洋卫星:以可见光、红外谱段遥感探测海洋水色、水温为主的"海洋-1"系列卫星,重点满足赤潮、溢油、渔场、海冰和海温的监测和预测预报需求;以微波遥感探测可全天候获取海面风场、海面高度和海表温度场等为主的"海洋-2"系列卫星,满足海洋资源探测、海洋动力环境预报、海洋灾害预警报和国家安全保障系统的要求;同时配备光学遥感器、微波遥感器等,实现对海洋环境综合监测的"海洋-3"系列卫星也在规划设计中。海洋卫星也将继"风云"、"资源"系列卫星之后,形成中国第三大民用系列卫星。

我国海洋卫星及其应用发展目标是:实现海洋卫星的系列化、业务化,形成长期、稳定、连续运行的海洋空间监测与地面应用体系,逐步发展以海洋卫星为主导的立体海洋监测网,提高海洋灾害预报的准确性和时效性,为海洋资源合理开发利用、海洋环境保护和国防建设需要等提供服务。

209. 人造卫星为什么能在太空中遨游?

遨游宇宙是人类自古以来的梦想,但祖先们却无法离开地面分寸,于是只好用种种美丽的飞天神话和幻想来寄托这种愿望。

人为什么不能离开地面呢?或许是缺少一对翅膀?但是,许多勇敢者模仿鸟类用人造翅膀飞行的尝试都失败了。理论研究证明,由于生理上的局限,人类永远不可能用骨肉的力量在空中支持自身的重量。1686年,牛顿揭开了这团迷雾。他在这年发表的《自然哲学数学原理》一书中指出,任何两个物体之间都有相互吸引力,由此创建了万有引力定律,即引力的大小跟它们的质量成正比,跟它们之间的距离的平方成反比。

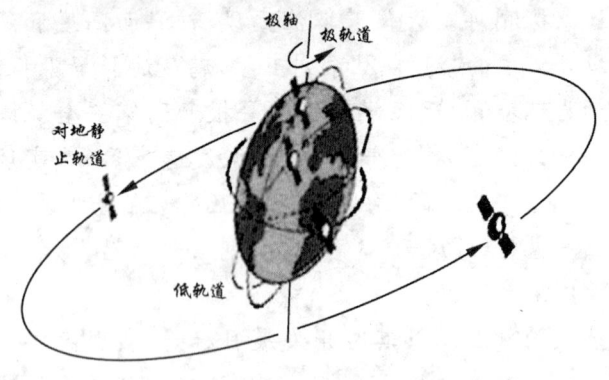

卫星与卫星轨道

　　人造卫星为什么能环绕地球运转,而长久不落下来?因为人造卫星和飞船发射出去以后,它以特别大的速度围绕地球运转,抵挡住了地球对它的引力——向心力的作用,使卫星作匀速圆周运动,而不至于落回地面。那么,什么样的速度,才能使人造卫星脱离地球的引力,而绕地球作匀速圆周运动呢?根据科学家计算,速度达7.9千米/秒,并且从水平方向抛出去,就能使人造卫星环绕地球运转。这个速度叫环绕速度,也叫第一宇宙速度。如果小于这个速度,就会被地球引力拉回来。如果以每秒11.2千米的速度飞上天,就可以挣脱地球的引力,成为围绕太阳运行的人造行星,或者飞向太阳系的其他星球上去。这个速度是物体能够脱离地球的速度,所以叫脱离速度,也叫第二宇宙速度。如果要飞离太阳系,到其他恒星世界去,那么速度必须达到16.7千米/秒。这个速度叫第三宇宙速度。

210. 什么是太阳同步卫星轨道?

所谓太阳同步卫星轨道是指卫星的轨道平面和太阳始终保持相对固定的取向。由于这种轨道的倾角接近90°,卫星要在极地附近通过,所以又称它为近极地太阳同步卫星轨道。为使轨道平面始终与太阳保持固定的取向,在卫星随地球绕太阳公转时,轨道平面每天要自西向东作大约1°的转动。但是若地球是个均匀球体,当地球绕太阳公转时,轨道平面随地球作平动,则轨道平面不能保持与太阳有固定的取向。事实上由于地球是个扁椭球体,这种扁椭球体上的各点对卫星的引力都不等,使卫星的轨道平面绕地轴朝着与卫星运动相反的方向旋转,即轨道平面的进动。若选定合适的倾角(大于90°)使卫星轨道平面的进动为1°,就可以使轨道平面与太阳始终保持固定的取向,这就实现了太阳同步轨道。在这种轨道上的卫星是以固定的地方时观测地球大气的,有较固定

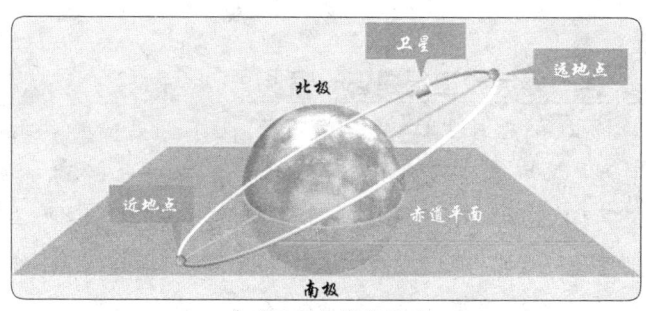

赤道平面与轨道平面

的光照条件,对获取可用的资料、资料的接收、轨道的计算等都十分方便。

211. 什么是地球同步卫星轨道?

若卫星轨道倾角为0°,赤道平面与轨道平面重合,则卫星在赤道上空,卫星的轨道周期等于地球的自转周期,而且旋转方向相同,这样的轨道称作地球同步卫星轨道。从地面上看,这种轨道上的卫星相对地球赤道上某一点不动,故又称静止卫星轨道。实现地球同步轨道,必须满足以下条件:卫星运行方向与地球自转方向相同;轨道倾角为0°;轨道是圆形的;轨道周期等于地球自转周期,即23小时56分04秒,静止卫星的高度为35860千米。

事实上,静止卫星轨道不完全是圆形,而是带有一点椭圆形。在一天当中轨道半径时大时小,轨道半径偏大时,卫星速度减小,相对地球就要向西漂移,反之就要向东漂移。另外,卫星的轨道倾角也不正好为0°,这时卫星作南北漂移。若卫星轨道有点椭圆形,又有一点倾角,则卫星星下点(即卫星与地球中心连线在地球表面的交点)轨迹是上面两种结果的合成,使得每天星下点轨迹成为"8"字形。

212. 第一颗气象卫星是哪一颗?

1960年4月1日,美国发射了世界上第一颗实验气象卫星"泰罗斯-1",揭开了空间气象探测史新的一页。1960—1965年间美国共发射了10颗这种卫星,它为美国提供了大量的气象资料。但它的云图分辨率不高,随发随收的功能还不理想,因此只能作为试验型卫星。

于是美国又研制了"艾萨"号,这是美国第一代太阳同步轨道气象卫星,1966—1969年共发射了9颗。它的本领比"泰罗斯"强,云图的星下点分辨率为4千米,但仍不是十分理想。为了与"艾萨"号协同"作战",美国还在1975—1982年间先后发射了6颗地球静止轨道的"戈斯"卫星。

美国的泰罗斯卫星

1978年10月31日,美国气象卫星中本领最强的第三代太阳同步轨道卫星——"泰罗斯-N/诺阿"卫星发射成功。它与"戈斯"等系列卫星配合组成了一个严密的全球天气监测网,卫星上携带着高分辨率扫描辐射计和垂直探测器。它拍摄的云图可以及时传输给地面,也可以把A地的云图贮存在磁带里,在卫星飞经B地地面接收站上空时传给B地。它每天可输出全球范围内16000个点的大气探测资料、2万至4万个点的海面温度测量值和100多张云图。现在世界上120多个国家有1000多个云图接收站,每天都在接收这类卫星云图。

213. 第一颗陆地资源卫星是哪一颗?

1972年7月23日,世界上第一颗陆地资源卫星"陆地卫星-1"号在美国发射升空。它采用近圆形太阳同步轨道,高度约为915千米,运行周期103分,每天绕地球14圈,每18天覆盖全球一次。卫星上的摄像设备不断地拍下地球的情况,它拍的每幅图像可覆盖地面近20000平方千米,是航空摄影的140倍,黑白图像分辨率为80米。

随后,美国又陆续发射了陆地卫星2号、3号、4号、5号、6号和7号。20世纪70年代发射升空的陆地卫星1号、2号和3号是第一代,为试验型,各国从这3颗卫星上接收了约45万幅遥感图像,投资收益比达1∶14,充分验证了资源卫星的实用价值。1982年7月和1984年3月升空的陆地卫星4号和5号是第二代,为实用型,在技术上有较大的改进。1993年发射了陆地卫星6号,但因发射失败损失了这颗卫星。1999年4月发射升空的陆地卫星7号是美国的第三代资源卫星,其主要改进是采用了气象卫星"泰罗斯-N"的卫星平台,使有效载荷重量和寿命都有新的提高,同时采用了增强型主题测绘仪,使工作谱段的数量和分辨率进一步提高。例如,陆地卫星4号和5号的黑白图像分辨率为30米,而陆地卫星7号的黑白图像分辨率达到了15米,热红外谱段分辨率也提高了一倍,为60米,遥感器定标精度提高了2倍~3倍。

美国的陆地资源卫星

214. 第一颗海洋卫星是哪一颗？

世界上第一颗海洋卫星是美国于 1978 年 6 月 28 日发射的"海洋卫星-1"号。它呈圆筒形,高 21 米,总重量 2290 千克,在 800 千米高的近圆形极地轨道上运行,倾角 108°,每昼夜绕地球旋转 14 周,每 36 小时就将全球 95% 的海洋监测一遍。遗憾的是,由于电源故障,"海洋卫星-1"号仅工作了 3 个多月,就夭折了。然而,它从实践上证实了微波传感器对海洋的全天候监测能力,并得到了海洋学家的普遍认同。

1991 年 7 月 17 日,欧洲空间局发射了欧洲第一颗综合遥感卫星 ERS-1,它的运行轨道为太阳同步圆形轨道,距地球极地高度为 785 千米,与地球赤道呈 98°52′ 的倾角,每 3 天扫描整个地球表面一次。ERS-1 是一颗以海洋应用为主,海、陆兼用的多功能综合性遥感卫星,所载微波传感器具有较高的测量精度和空间分辨率,它能够全天候、全天时地进行全球观测。

215. 我国的"风云一号"卫星性能如何？

"风云一号"气象卫星是我国自行研制的第一代太阳同步轨道气象卫星,它的主要任务是获取国内外大气、云、陆地、海洋资料,进行有关数据收集,用于天气预报、气候预测、自然灾害和全球环境监测等。

该型号卫星共生产了两批,第一批两颗,代号为 FY-1A 和 FY-1B。这两颗卫星分别于 1988 年 9 月 7 日和 1990 年 9 月 3 日从太原卫星发射中心发射入轨。由于姿态控制系统的故障,第一颗卫星仅正常工作了 39 天,第二颗卫星累积有效工作时间为234天。

第二批卫星计划生产2颗,代号为FY-1C和FY-1D。针对第一批卫星存在的问题,在设计上作了较大的改进,加强了研制过程中产品的质量控制,提高了卫星的应用性能和可靠性。

FY-1C星已于1999年5月10日成功发射。这颗卫星的总质量为958千克,轨道高度为870千米,轨道倾角为98.8°。它在太阳同步轨道上每102.3分钟绕地球飞行一圈。卫星发射时呈立方体,长2.02米,宽2米,高2.215米。在轨运行后,太阳能电池阵像两翼一样展开,展开后卫星总跨度为10.556

我国的"风云一号"卫星

米。卫星采用三轴稳定对地定向控制技术,设计寿命2年。卫星上的主要遥感仪器有10通道可见光和红外扫描辐射计、空间粒子成分监测器等,可以实时或延时发送数字云图,进行海洋水色探测、海温遥感研究和空间环境研究等。

FY-1C星入轨后,3分钟便捕获地球,8分钟时星上太阳能帆板打开,随后卫星建立了稳定的姿态。当卫星绕地球飞行第二圈进入我国上空时,卫星上观测设备开始工作。当天上午11时17分19秒,国家卫星气象中心乌鲁木齐地面站接收了第一张十分清晰的可见光云图。从这张云图中,可以看出我国西部地区的云层、地表的情况,图像纹理清晰、层次丰富、分辨率高。

216. "风云二号"与"风云一号"的区别在哪里?

"风云二号"卫星是我国自行研制的第一颗地球静止轨道气象卫星,与"风云一号"极地轨道气象卫星相辅相成,构成我国气象卫星应用体系。"风云二号"卫星主要作用是获取白天可见光云图、昼夜红外云图和水汽分布图,进行天气图像传真广播,供国内外气象资料利用站接收利用,收集气象、水文和海洋等

我国的"风云二号"卫星

数据收集平台的气象监测数据,监测太阳活动和卫星所处轨道的空间环境,为卫星工程和空间环境科学研究提供监测数据。

"风云二号"气象卫星A星已于1997年6月10日发射升空,并定点于东经105°赤道上空,用于实时监测中国及周边地区天气变化,提高气象预报的准确性、及时性,提供可见光、红外和水汽云图。卫星上主要装载有多通道扫描辐射计、数据收集平台、云图转发器和空间环境监测仪器。它的多通道扫描辐射计是当时国内光学孔径最大的星载探测器,在世界上也具有先进水平。卫星运行10个月后,由于天线消旋系统的故障,只能采取间断运行的工作方式。

2000年6月25日,"风云二号"B星发射升空,7月3

日成功地定点于东经105°,高35800千米的地球赤道上空。7月6日发回第一幅可见光图像,7月20日发回第一幅红外云图和水汽云图,图像清晰、质量良好。它的扫描辐射仪每半小时可以获取一幅覆盖三分之一地球的全景原始云图,具有可见光(0.55微米～1.05微米)、红外(10.5微米～12.5微米)和水汽(0.62微米～0.76微米)三个通道,其中可见光通道的星下点分辨率约为1.25千米,红外和水汽通道的星下点分辨率约为5千米。利用可见光通道可得到白天的云和地表反射的太阳辐射信息,用红外通道可得到昼夜云和地表发射的红外辐射信息,用水汽通道可得到对流层中、上部大气中水汽分布的信息。利用这些原始云图信息,可加工处理出各种图像和气象参数,为用户提供服务。

217. 是谁开辟了"数字中国"的新纪元?

1999年10月14日,在太原卫星发射基地成功发射升空的"资源一号"卫星,是我国第一代传输型地球资源卫星,是由中国空间技术研究院和巴西国家空间研究院联合研制的。

"资源一号"卫星重1450千克,设计寿命为2年,运行在太阳同步轨道上,轨道高778千米、倾角98.5°,轨道周期100.26分钟,回归周期26天。卫星上主要装有CCD相机、红外多光谱扫描仪、宽视场成像仪、空间环境监测仪和数据采集传输系统等。主要用于监测国土资源的变化;评估森林储量、农作物长势和产量;监测灾害及评估灾害损失;勘探地下资源,监督资源的合理开发;监测空间环境,为空间科学研究提供资料等。"资源一号"的发射成功,被认为是开辟了"数字中国"的新纪元。

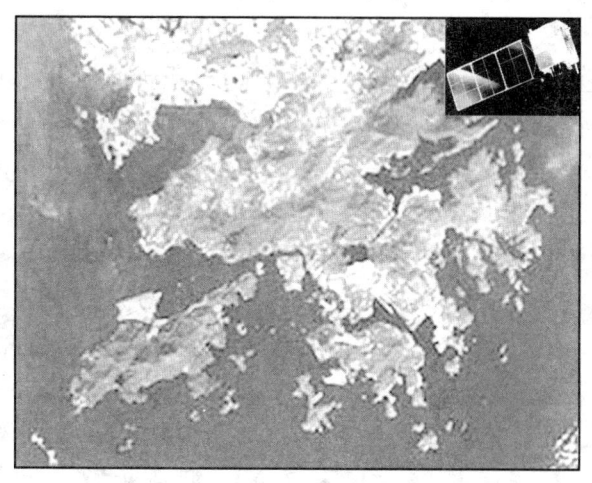

"资源一号"卫星系统

2000年9月1日,在太原卫星发射中心,我国自行研制的"长征四号乙"型运载火箭点火升空,成功地将中国"资源二号"卫星送入预定轨道。中国"资源二号"卫星是我国继1999年成功发射的中巴"资源一号"卫星后,又一颗传输型遥感卫星。卫星主要用于国土普查、城市规划、作物估产、灾害监测和空间科学试验。

218. 中国第一个遥感卫星地面站是什么时候建成的?

卫星遥感是国际上20世纪70年代以来发展的一项新技术。遥感卫星的地面站就是跟踪同步于太阳的卫星,接收其发回的资料,再经过信息处理,使之转化为磁带、照片,在环境资源调查、国土整治规划、地质勘探以及农业、林业、石油、海洋、水文、气象、地理等许多国民经济领域,具有广泛的应用价值。

中国第一个遥感卫星地面站是由中国科学院负责引进的,1986年12月20日在北京建成。这个地面站具有世界先进水平,全部设备是由中国科学院根据中美两国领导人于1979年1月签署的中美科技合作协定,从美国引进,总投资约1000万美元。地面站由卫星跟踪、数据接收、计算机数据处理和照相处理等系统组成。

这个地面站主要是接收、处理来自距地球705千米高度上的美国地球资源卫星的图像数据。图像的范围以北京为中心,半径2400千米,可以覆盖中国国土的80%。图像分辨率为30米,在上面可以清楚地看到紫禁城、北海公园的轮廓。利用这个地面站的图像,可以对中国环境资源进行调查,并在国土整治规划、地质勘探、农作物估产等方面有着广泛的应用价值。这个地面站的建成,填补了中国在这项高技术领域的空白,标志着中国在卫星数据的接收与处理技术方面,步入了世界先进行列。

219. 我国遥感卫星地面站的现状如何?

1986年12月,我国第一个地球资源遥感卫星地面站建成运行。经过十几年的建设和发展,中国遥感卫星地面站从仅能接收"陆地卫星-5"号的数据到实现了一站多星,至今已成功建成了全天候、全天时、近实时、多种分辨率的卫星对地观测数据中心,并且拥有世界先进水平的地球资源卫星遥感数据生产系统,可接收美国"陆地卫星-5"和"陆地卫星-7"、欧洲空间局"ERS-1"和"ERS-2"、中巴"资源一号"等9颗卫星的数据。数据接收范围已经覆盖了我国陆地面积的 80%～95%,用户遍及了国家各部委和全国 30 个省、市、自治区。

中国遥感卫星地面站作为地球资源遥感卫星数据源,是根据 1979 年邓小平同志访美期间签订的中美科技合作协定而建立的,主要任务是接收、处理、存档、分发各类地球资源遥感卫星数据并进行相关技术研究,为中国遥感应用提供数据服务。

220. 现代海洋观测的手段有哪些?

要想利用海洋的丰富资源,就必须研究海洋和开发海洋,而研究海洋和开发海洋都离不开海洋观测技术。

海洋观测除了利用卫星、飞机进行遥感观测外,还可利用船舶、台站、潜水器等进行实地观测。遥感观测能实现大范围全球性的海洋观测,可观测海面风速、风向、波浪、海面温度、海水、海底地形和海洋水准面等多种项目,大大提高了海洋观测效率,是观测海洋的重要手段;船舶观测是一种流动的观测手段,可对感兴趣的海域进行重点、详细的多项目科学考察;台站观测是在岛屿和滨海处设站,进行固定地点的观测,通过有计划地安排网点,可取得系统数据;浮标和潜标是观测海洋水文气象和水质的重要手段,其中锚泊浮标能长期、定点地进行全天候、全天时的监测,漂流浮标可"随波逐流",用来观测大范围的海流、水温、海面风和气压气温,而潜标锚定于水下,可对水下目标进行定点监测。

可见,现代海洋观测技术已经形成的多参数、全方位的立体观测网络,既可以对大面积海域进行实时、同步观测,也可以对局部海区进行细致、全面的观测,为研究海洋、开发海洋提供了强有力的技术支持。

221. 常用的海洋观测仪器有哪些?

海洋观测仪器亦称"海洋学仪器"或"海洋仪器",是观察和测量海洋现象和测量海洋要素的基本工具,包括海洋水文气象、海洋物理、海洋化学、海洋地质地貌、海洋地球物理,海洋生物学的采样、测量、观察、分析等所使用的各种仪器设备。

海洋观测仪器种类很多,可按照结构、原理、使用方式和测量要素等多种方法进行分类。对使用者来说,通常是按所测要素分类,如测温仪器、测盐仪器、测波仪器、测流仪器、营养盐测量仪器、重力仪器、磁力仪器、底质探测仪器、浮游生物以及底栖生物采集装置等。

目前,海洋观测仪器已经完成了由机械式到电子式的过渡,并逐步从单项测量仪器向多要素的综合仪器迈进。应用电子技术、水声技术、激光技术、计算机技术和遥感技术的现代化仪器已成为海洋观测仪器的主流。小型化、智能化、网络化已经成为海洋观测仪器的主要发展方向。

222. 什么是海洋浮标观测技术?

如果我们要连续不断地获取某些海洋资料,比如海水的温度变化情况,肯定没有必要一天到晚呆在海上测个不停,只要将一个浮标放入海中并在它上面装上温度计,然后将测得的结果记录下来或者利用无线电将结果传到实验室就可以了。海洋浮标观测技术就是这样一种观测海洋的手段。准确地说,海洋浮标观测技术就是载有探测用的各类传感器的海上自动观测平台。

海洋浮标最早出现于第二次世界大战期间,由德国在大西洋、英吉利海峡和北海等海区首先使用。由于当时的科学技术水平不高,浮标设计较为简单。经过多年的研制和发展,海洋浮标技术日趋成熟,从20世纪70年代开始逐渐投入实际应用,现在,在海中使用的海洋浮标有几十种之多。根据观测项目来分类,有海洋水文气象资料浮标、海洋污染监测浮标、地震测量浮标和多用途浮标等;根据浮标在海上所处的位置不同,可分为锚泊浮标、潜标、漂流浮标和投掷浮标等。

利用浮标观测海洋

用浮标作为观测平台或传感系统的一部分,进行海洋水文、气象、水质观测,是一种重要的海洋观测技术。浮标观测的特点是,能在恶劣的海洋环境下无人值守,自动、连续地获取水面和水下的海洋环境数据,为海洋环境预报、航海运输、海洋科学研究以及海洋开发,提供实时的海洋环境信息。浮标观测技术是海洋环境观测技术的重要组成部分和主要发展方向之一。

223. 有了遥感技术为什么还要发展浮标观测技术？

大家都知道，卫星遥感具有"千里眼、顺风耳"的神奇本领，能在太空中对海洋进行大面积、快速、同步的观测，但是，卫星遥感技术只能探测海洋表面和近表层现象，对于海洋中的各种水文物理现象就无能为力了。

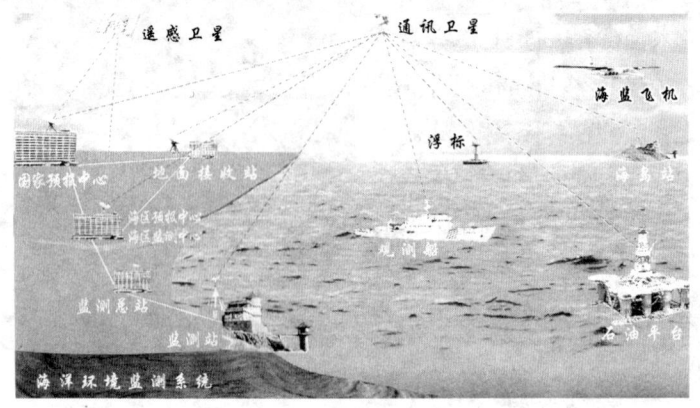

海洋环境立体监测系统

要获取海面以下，特别是海洋深处的海洋资料，就必须利用各种现场观测手段了。另外，卫星遥感也需要现场观测来配合，没有现场资料，单纯的遥感数据往往没有意义。所以，海洋现场观测技术还将不断地完善和发展。在众多的现场观测手段中，海洋浮标不仅可以在海面，也可以在水下，不仅可以在固定地点，也可以随波漂流地进行长期、连续地观测，像一个无人值守的自动水文气象站一样。

今天，在世界一些海区已经布设了一批大大小小的海洋浮标，它们日夜为人们提供各种各样的海洋数据。

海洋物理

尽管每一个海洋浮标只能获取较小范围的海洋资料,但是只要在世界海洋上按一定的间距布设许多大小不等的海洋浮标,并将它们联成网络,构成一个全球海洋观测网,就可以实现海上现场的大范围、同步观测了。

224．什么是锚泊浮标?

为了对海洋参数进行长期、定点测量,海洋学家通常会用锚泊浮标。锚泊浮标又叫海洋资料浮标或海洋遥测浮标。简单地说,它就是先将专用的测量仪器放在浮标体上,再用锚把浮标体系留在海上预定的地点,以便对海洋进行长期、连续自动的观测,被誉为"海上不倒翁"。

其实,锚泊浮标是一个综合的工程系统,它包括海上测量和岸上接收两大部分。就海上测量部分而言,它主要由浮标体、传感器系统、数据采集和处理系统、通信系统、电源、锚泊系统等组成。浮标体是海上仪器设备的载体,作用类似于一只小船,具有圆盘形、圆柱形、船形、圆球形、圆环形等多种样式。多年的实践证明,圆盘形浮标体重心低、稳定性好、摇摆幅度小,是一种较好的浮体形状。浮标体通常采用表面涂有防腐涂料的合金钢、玻璃钢或其他合成材料制成。锚泊系统由缆索和锚组成,是保证浮标在大海上"站住脚跟"的关键设施。在浅海区一般用多点系留锚泊,深海大洋多采用单点锚泊。由于海中存在着鱼咬和腐蚀问题,所以对锚泊系统的缆绳也要特别设计。

岸上接收部分则主要由遥控发射机、遥测接收机、天线、时序控制器、解调译码器、计算机、打字机和磁带机等组成。海上浮标定时发送的资料,或接受岸站指令随时发送的资料,岸站均能自动接收下来,并经计算机处理,把数据录在磁带或磁盘上,供用户使用。

225. 什么是漂流浮标?

漂流浮标与锚泊浮标不一样,它的最大特点是体积小、重量轻,没有庞大复杂的锚泊系统,可以在海上随波逐流地进行观测。主要用于大面积海域的海洋环境调查、海—气相互作用研究、大洋环流研究、突发性海洋污染的跟踪及卫星遥感数据的现场校准和真实性检验等方面。

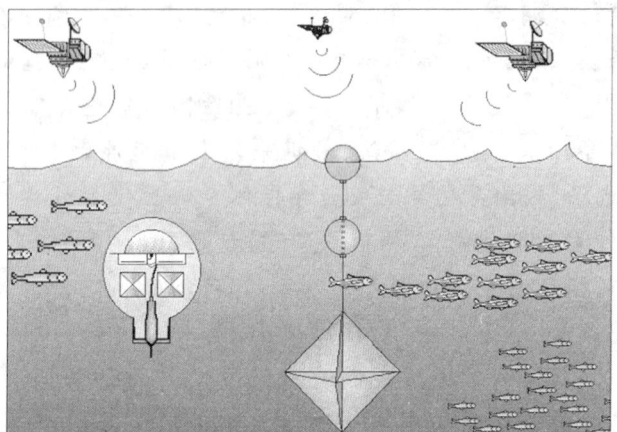

漂流浮标

漂流浮标主要由浮体、传感器、数据传输、系统控制及电源五部分构成。通常浮体用玻璃纤维和铝合金制成,并装有测量气温、气压、水温和海流的传感器,使用强碱电池组作为电源。浮标的在位作业时间取决于电池的容量和实际功耗,可连续工作几个月到几年不等。浮标在漂流过程中,用微处理器对整个系统进行控制,它边"走"边"看",并将一路上的"所见所闻",通过无线电发回岸上的基地。

目前已广泛使用的漂流浮标有测冰漂流浮标、拉格朗日漂流浮标、海—气相互作用浮标和飓风浮标等。由于漂流浮标体积小,重量轻,结构简单,使用方便,所以可用船只投放,也可用飞机在船只不易到达的海区投放。

226. 你知道什么是潜标吗?

潜标也是浮标观测技术中的一种,不同的是它不是浮在水面上,而是潜入水中,主要用于测量深海的海流。潜标主要由水下测量系统和布放回收船上的信号发射接收设备两部分组成。其中,水下测量系统包括主浮体、示踪信标、系留装置、转环、玻璃浮球、测量仪器、声学应答释放器和锚等,布放回收船上的信号发射接收设备包括声学应答释放器、指令发送系统、示踪信标信号接收设备、海流计数据处理系统等。

为了避开近表层恶劣海况对海流计的影响,通常将潜标主浮体安放在水下 50 米深处,这样既能改善潜标系统的性能,又能使海流计平稳地工作。信标装置是采用无线电信标机或微波雷达信标机,由微机进行控制;声学应答释放器具有现场组合编码、应答,按指令释放以及发出释放完毕信号的功能;测量仪器包括测流速和流向的海流计、测水深的深度传感器,以及测水温的温度传感器。所有采集的海洋环境资料都存贮在磁带上,可以在布放回收船上进行数据处理。

227. 我国第一个全自动海洋浮标是什么时候制成的？

我国的海洋浮标研究工作始于20世纪60年代末。在"全国海洋仪器会战"及"会战"以后，在国家海洋局和一机部的组织下，先后研制出H23和ZH23型船型浮标站，曾在黄海的朝连岛海区做了为期24天的两期海上实验。这是我国对海洋浮标研制的第一次尝试。经过多年的努力，1980年3月3日，我国第一个使用数字传输的大型遥测、遥控、遥讯海洋水文气象浮标装置系统——"南浮一号"全自动海洋浮标，由中国科学院南海海洋研究所、自动化研究所在海运航道部门和海军协作下，研制成功。它是直径为6米的圆盘形浮标，用蓄电池供电。中国科学院邀请国内有关专家对这一科研成果进行鉴定，认为"南浮一号"符合设计要求，基本上达到20世纪70年代国外同类装置的水平。

228. 海洋浮标技术的发展趋势如何？

海洋浮标技术经过30多年的开发和应用，业已成熟，应用日益广泛，已成为现代海洋监测的重要技术手段之一。正因为如此，浮标技术还将继续得到发展。

今后的发展趋势一是浮标个体趋向中、小型化。近几年，一些国家开发的海洋浮标直径多在7米以内。例如，美国1985年研制的新浮标直径为3米，日本1987年研制的船型浮标长为6米，英国1986年研制的浮标直径也为3米，1989年研制的浮标直径仅为2.4米。中、小型浮标具有造价低廉，布设方便，用途广泛，易于维修等特点。二是浮标通讯向甚高频卫星过渡。将甚高频卫星通讯应用于海洋浮标后,不仅扩大了浮标的通讯距离,也提高了资料传输的可靠性。三是开发浮标管理智能化系统。这种系统能进行浮标常规故障的诊断、检测和维修。以解决锚泊浮标至今难以解决的由于意外故障造成全部数据丢失或失效的问题。四是浮标技术日趋专业化。近几年,一些为特殊目的而设计的专用浮标相继问世,如海洋污染监测浮标、测流浮标、测温浮标等。这些专用浮标都是根据不同的海洋开发项目和科学研究目的而研制的。今后,随着海洋开发、科学研究及军事目的等多样化需求,专用浮标还会得到进一步发展。

229. 什么是潜水器?

潜水器又称深潜器或可潜器,是指具有水下观察和作业能力的活动深潜水装置。主要用来执行水下考察、海底勘探、海底开发和打捞、救生等任务,并可以作为潜水员活动的水下作业基地。潜水器设计是一项综合性的复杂工程,它涉及流体、结构、材料、生命支持、液压、水声、光学、计算机控制等多

潜水球

门学科。潜水器的研制水平往往体现了一个国家的综合技术力量。

潜水器出现于20世纪30年代。1932年瑞士A.皮卡尔教授研制出第一个潜水器"弗恩斯-1"号,1934年美国也研制出试验性潜水球。那时的潜水器还没有动力,只是一个依靠绳缆吊放的密封容器。潜水器里的气压和陆地上一样,人在密封容器内不受海水压力的影响。它们依靠自身的重量沉到海底,利用钢索绞车由水面船只下放或回收。1953年美国制造了第一艘带有小型电力推进器的"的里雅斯特"号潜水器,并于1960年1月23日在太平洋的马里亚纳海沟下潜到11000多米深处,创造了世界潜水最深纪录。

20世纪60年代,以美国"阿尔文"号为代表的第二代潜水器得到发展。这类潜水器带有动力,还配置了水下电视、机械手等,不仅可以观察,还可以进行一些简单作业和海洋资源调查等任务。"阿尔文"号以铅酸电池作为动力,下潜深度3658米。1966年,"阿尔文"号和另一潜水器配合,在西班牙海域打捞出一颗失落的氢弹,其影响不可估量。

230. 什么是载人潜水器?

顾名思义,载人潜水器就是能携带人员下潜的潜水器。它除了能承受很大的水下压力并提供足够的活动空间外,还必须能提供供人呼吸的氧气和观察水下世界的窗口。载人潜水器有坚固的耐压壳,耐压壳外装有可减少航行阻力的外壳。无缆潜水器的动力装置通常是蓄电池,有缆潜水器则可以通过电缆由母船提供电能。潜水器上的蓄电池、高压气瓶等设备,通常安装在非耐压结构的外壳中,以提供一部分浮力。潜水器一般装有多个推进器,可朝不同方向运动。利用主压载舱、重量调整装置或纵倾调整装置来控制潜水器的稳定。还有氧气供给与二氧化碳吸收的环境控制装置。潜水器还根据需要装有罗经、深度计、障碍物探测声呐、高度深度声呐、方位探测听音机和各种水声通讯设备,以及供水下作业用的机械手、水下电视和照明设备等。

潜水器

231. 无人遥控潜水器是怎样工作的?

无人遥控潜水器也称水下机器人,包括有缆无人遥控潜水器和无缆无人遥控潜水器两大类型。

典型的有缆无人遥控潜水器是由水面设备(包括操纵控制台、电缆绞车、吊放设备、供电系统等)和水下设备(包括中继器和潜水器本体)组成。潜水器本体在水下靠推进器运动,本体上装有观测设备(摄像机、照相机、照明灯等)和作业设备(机械手、切割器、清洗器等)。潜水器的水下运动和作业,是由操作员在水面母舰上控制和监视,靠电缆向本体提供动力和交换信息的。中继器可减少电缆对本体运动的干扰。世界上第一个真正意义上的有缆无人遥控水下机器人是1960年由美国研制成功的,它在西班牙的外海成功地找到了一颗失落在海底的氢弹。

无缆无人遥控潜水器是真正意义上的自治水下机器人,它们自备电源,有一定的智能。操作人员仅下达总任务,机器人就能识别和分析环境,自动规划行动,回避障碍,自主地完成指定任务。世界上第一艘潜深达6000米的无缆水下机器人是由法国建造的"逆戟鲸"号。

232. 我国第一艘载人潜水器是什么时候研制成功的?

1986年,我国第一艘载人潜水器——深潜救生艇建成并投入使用。我国成为目前世界上为数不多的掌握潜艇水下对接技术并实现人员干转移的几个国家之一。

这艘深潜救生艇长15米,排水量35吨,最大下潜深度600米,乘载4人,每次对口救生人数为22人,在200米之内,可以开舱湿救6名人员。救生艇是以银锌电池为动力,水下最大航速为4节。为保证高精度机动能力,实现和其他潜艇对接,救生艇具有5个推进器,1个前后,2个侧面,2个垂向,这样可以使救生艇不仅具有一般潜艇的操纵性能,还能完成平移、原地回转、水中悬停等特殊操纵动作。

此外,艇上配有水下电视、声成像声呐、定位声呐以及机械手等设备,必要时还能兼做海洋调查和海底勘探任务。

233. 我国第一台载人水下机器人是什么时候出现的?

1989年7月9日,我国第一台载人式水下机器人——QSZ单人常压潜水装置系统研制成功。它装有4个垂直和水平推进器,以及记录高度、深度、方向的仪器,作业水深300米。QSZ内部保持常压,可载1名工作人员。它带有中继站,巡航半径50米。潜水员操作机械夹持器,可以完成简单的水下作业任务。海上船基平台可以对它进行监控,可以代替潜水员进入危险海区作业。经过40天无人与载人潜水作业试验,结果表明,各项性能全部达到了设计指标要求,具有20世纪80年代后期国际先进水平。

载人潜水器

234. 我国第一台有缆水下机器人是什么时候研制成功的?

我国从20世纪80年代初开始有缆无人水下机器人的研究工作。1985年12月,我国第一艘有缆无人水下机器人"海人-1"号在大连海域首航成功。这台机器人重2吨,潜水深度可达200米,达到了20世纪80年代同类产品的世界水平。

现在,我国已经具有研究开发各类有缆无人水下机器人的能力,它们在海洋石油开发和海军防救部门得到了应用。

235. 我国第一台近海石油钻井勘探水下机器人是什么时候问世的?

在开发"海人-1"号的基础上,沈阳自动化研究所与美国沛瑞公司协作,用了不到一年的时间就研制出"瑞康-4"号有缆中型水下机器人。

它采用了开架叠装结构,允许加装多种水下作业工具。1988年到1993年,它在我国南海和珠江口区作业时,海深为100米到300米,下潜达到预定深度和区域时,其机器人本体上的声相声呐能把钻杆等的外形显示在监视器上,并可显示水中的目标和目标之间的相对方位及距离,利用声呐信息引导机器人本体接近目标。该系统已装上

"瑞康-4"水下机器人

更高推力的水下推进器,携带机械手和液压剪,其航速可达 3.0 节以上,该系统做到既可单用也可专用,依靠其可更换的工作组件,具有数种水下机器人的功能,且可在更恶劣的海况下进行多种水下作业。

在引进开发"瑞康-4 号"有缆中型水下机器人的过程中,不仅关键技术有所突破,而且设计有所创新、功能有所扩展,把原来只具备观察功能的水下机器人扩展为作业型水下机器人,兼容了声相声呐系统、水下机械手系统,这在国外也不多见;尤其是将航速由原来的 2.5 节提高到 3.0 节以上,这在国际同类产品中居领先水平,其综合性能指标已超过原中型水下机器人的水平。

236. 我国第一台无缆水下机器人是何时诞生的?

1994 年 10 月 28 日,我国第一台无缆水下机器人"探索者"号在我国西沙群岛近海海域成功地下潜到水下 1000 米深处,成为我国潜入深海的先驱者。

由沈阳自动化研究所研制成功的"探索者"号水下机器人,采用国产充油铅酸电池为动力,安装了 7 部声呐,作业水深 1000 米,活动范围 12 海里,续航能力 56 小时,前进速度可达 4 节,能在指定海域探索目标,并记录数据和声音图像,还能对失事目标进行观察、拍照和录

"探索者"号水下机器人

像，把需要的数据和图像传至水面总控制台显示，能自动回避障碍物，技术性能指标达20世纪90年代国际先进水平。

当时，世界上只有美、俄、法、日等少数工业发达国家具有这种先进技术能力，全世界有20多台同类型机器人，刚刚走向应用。"探索者"号的研制成功大大缩小了中国与发达国家在这一领域的差距，标志着中国水下机器人技术正在走向成熟，将为国家探索和开发海洋资源作出重要贡献。

237. 我国第一台6000米海底作业机器人是什么时候研制成功的？

6000米深的海底对人类来说是一个神秘的空间。比航天更为困难的是，6000米深的海底压力高达600个大气压，电磁波在水中又很难传播，水下机器人与母船之间的通信难度大，海底情况十分复杂，因而要求水下机器人必须能高度"智能"和"自主"地处理各种问题。

由沈阳自动化研究所、中国船舶科研中心和声学研

6000米水下机器人

究所等单位研制成功的6000米水下机器人,已于1995年8月完成深海功能试验。在经历了一年半的工程化改进后,1997年5月至6月,在太平洋圆满完成了各项洋底调查任务,历时39天,获得了大量资料和数据。这台6000米作业机器人名叫"CR-01"号。

开发海洋是人类在21世纪面临的重大课题。联合国划分给我国的洋底多金属结核保留开辟区面积为150000平方千米,深度在6000米左右,现在要对其进行详细勘查,将来还要进行海底多金属结核的开采。经过几年实践,中国6000米无缆水下机器人在这个世界顶尖科技领域中,已达到国际先进水平,为我国在21世纪进军海洋,开发海洋资源,提供了强有力的技术保障。

238. 我国第一台6000米海底作业机器人具有什么样的本领?

我国第一台6000米海底作业机器人"CR-01"号,可以进行6000米深水录像、拍照,完成海底地势测量与浅地层剖面测量,测量海水的温度、盐度和深度以及多金属结核丰度,进行海底沉物搜索与观察,自动记录机器人在水下运动的轨迹、坐标数据等。航速可达4节,续航力在6小时以上,它使中国具有对除海沟以外的占全世界海洋面积97%的海域进行详细探查的能力。它可按预编程序航行和工作,能自动回避障碍,具有故障自我诊断和应急上浮的功能,并能提供指令遥控。

它的诞生是我国"863高技术计划"自动化领域的又一项重大研制成果。1995年8月,"大洋1"号科学考察船携带这台水下机器人,在太平洋进行了"6000米水下多金属结核观测深海试验"。经过14天的试验考核,各项测试数据准确,并收集了我国大洋中多金属结核矿区结核分布的大量数据和图像。这次试验成功地表明,我国在研制水下机器人技术方面已跻身世界先进国家行列。

239. 谁被誉为"中国水下机器人之父"?

在我国水下机器人的研制史上,记录着一页页辉煌的篇章:"海人-1"号实现了我国水下机器人零的突破;"瑞康-4"号开创了我国近海石油勘探钻井首次使用国产机器人的成功纪录;"探索者-1"号又刷新了深潜1000米的纪录;我国科学家研制成功的6000米水下机器人,使我国跻身于世界机器人研制的强国行列……短短十几年,我国水下机器人事业由梦想变成了现实。这一连串耀眼的成果都与一个人的名字紧紧相连,他就是中国科学院沈阳自动化研究所的科学家蒋新松。

20世纪70年代初,对中国人来说,水下机器人还是比较陌生的概念。蒋新松以其特有的敏感,迅速捕捉到这个崭新领域的迷人前景,逐渐形成了发展水下机器人和人工智能的设想。作为中国科学院自然科学发展规划的起草人之一,蒋新松奔走呼吁尽快启动这个极其诱人的研究领域。他的心血没有白费,水下机器人和人工智能列入了中国科学院1978—1985年学科发展规划之中,从此机器人和人工智能研究首次载入我国科技发展史册。经过将近30年的发展,中国水下机器人已经达到了世界先进水平。这些成果与蒋新松当初的努力不无关系,他真不愧是"中国水下机器人之父"!

240. 水下实验室有什么奥秘?

水下实验室,也称水下居住实验室或水下居住舱。水下实验室的出现,为饱和潜水员和科学家在水下进行较长时间的生活和工作,提供了海底活动基地。水下实验室在海洋开发、海洋工程、海洋考察以及海洋军事等活动中都能发挥重要作用。如果说,潜水器在海洋开发方面把人类的手臂延长到大洋海底的话,那么,水下实验室则是直接把人类自身移向大洋深处。

水下实验室

通常,水下实验室系统是由水面补给船、人员运载舱和水下实验室三部分组成。若按其功能则可划分为补给、安全救生和压载平衡三个系统。补给系统有陆上直接补给、船上补给和浮标上补给三种方式。随着水下实验室逐步移向深海,陆上直接补给方式已被放弃,而船上补给方式又会因海面气象等条件限制,时常影响水下实验室的正常工作。只有浮标上补给方式还是较为有效的补给方式。安全救生系统是指潜水员在水下实验作业时的安全保障设备。压载平衡系统是指水下实验室采用压载水舱、平衡水舱或固定压载物,以控制实验室的下沉、上浮,使实验室安全、平稳地坐落在海底的设备。

海洋物理

四通八达的海底电缆

241. 什么是数字海洋？

所谓"数字海洋"，是随着"数字地球"战略的提出应运而生的。它是利用卫星、飞机、船舶、浮标及其他探测平台对海洋进行的综合性、实时性、持续性的数据采集，把获取的海洋物理、化学、生物、地质等基础数据装进一个"超级计算系统"中，最终以数字化、可视化、动态显示等方式，把真实海洋世界的各种状况，用计算机模拟的形式重现或预现，给人们以身临其境的感觉。

因为"数字海洋"能够真实客观地表达海洋的现状，重现海洋的变化过程，预测海洋的未来变化趋势，可以为人们认识海洋、管理海洋、开发海洋和国防建设提供全方位服务。或许在不久的将来，在"数字海洋"模拟展示屏前，你只要触摸大片海洋中的某一点时，那里此刻的水温、流速、水质情况等就能显示出来呢。利用"数字海洋"你还可预先"亲睹"台风的形成、移动和登陆全过程。

建设"数字海洋、生态海洋、安全海洋、和谐海洋"是我国海洋强国战略的具体目标。在这四个目标中，数字海洋是基础，是国家安全建设、海洋经济开发、海洋现代化管理的必要条件。2003年，在我国政府批准实施的"我

海洋物理

国近海海洋资源综合调查与评价"中,研究确立了建设"中国近海'数字海洋'信息基础框架"工作计划,这一重大决策也拉开了我国实施数字海洋战略的序幕。

242. 什么是海底通信电缆?

海底通信电缆是指铺设在海底,用于传递电报、电话或数据的电缆或光缆。它是海洋空间利用技术之一,也是洲际通信联系的重要手段。电缆是由一根或几根相互绝缘的导电铜线,置于密封护套中构成的缆。而光缆则是内含光导纤维,符合光、机械和环境等要求的缆。电缆和光缆均可以用作通信媒质,世界各国都很重视并积极发展海底电(光)缆技术。迄今为止,全世界已建成的海底通信电(光)缆系统有100多条,总长度超过500万千米。

海底电(光)缆主要分布在北大西洋和环太平洋地带。北大西洋是海底通信电缆最稠密的地区,现在已有10条横贯大西洋的海底通信电缆投入商业运行,欧洲大陆西南的比利纽斯半岛是联系整个大西洋地带海底通信电缆的特殊枢纽。环太平洋地带的海底通信电缆系统也已建成并投入使用。在关岛和夏威夷还建有两个海底电缆联络站,用以联络美国、加拿大与环太平洋其他国家和地区的海底通信电缆。在夏威夷,有6条海底电缆通向北美西海岸,有5条海底电缆伸往亚洲东部和大洋洲。在关岛共有7条海底电缆向各个方向伸展。

243. 为什么要铺设海底电缆?

我们知道,国家与国家之间可能远隔重洋,岛屿与大陆之间隔着海峡。被海洋隔断的人们也需要通信和交流。

随着电报、电话的出现,人们开始铺设海底电缆。从此,远隔重洋的人们也能相互交谈。后来,随着航天技术的发展,通信卫星开始投入使用,但是面对数据量越来越大的多媒体业务,通信卫星也显得力不从心。因此,近年来海底电缆,特别是海底光缆的铺设速度不仅没有放慢,反而进入了一个飞速发展的新纪元。

海底光缆示意图

根据不同的用途可将铺设在海底的电缆划分为通信电缆和电力电缆两种,其中,通信电缆还可进一步分为电报电缆、电话电缆和网络电缆。而根据电缆的结构不同又有双绞线、同轴电缆和光纤之分。

244. 海底光缆通信与卫星通信相比具有什么优点?

海底光缆通信与卫星通信相比具有如下优点:第一,安全廉价。海底光缆不向外辐射电磁信号,所以窃听困难,因而所传输的信号具有良好的保密性。而卫星传送的信号在其所覆盖的任何区域都能接收到,保密性能较差。铺设一条横跨大西洋的光缆与发射一颗卫星的耗资相差无几,都在3亿美元以上,但是铺设光缆的费用在不断下降,而且光缆的平均寿命较长。第二,易铺易修。发射卫星要求十分严格,若对天气变化、仪器操作等因素处理得稍有不慎,后果将不堪设想。而光缆铺设一般都能在预告的竣工日期内完成,所有影响铺设的因素都可调节、修正。修理海底光缆的时间平均为11天。而修理一颗在轨道上的通信卫星就不是一件容易办到的事情了。第三,容量大,失真小。海底光缆有较大的带宽容量,带宽可达1700兆赫兹,传送数据大,信号失真小。通信卫星的带宽则为100兆~150兆赫兹。另外,卫星运行轨道要求十分精确,而且驻留空间有数量限制,即只能发射一定数量的卫星。而海底光缆的铺设就不存在这样的问题。第四,速率高,延迟小。目前一对光缆的传输速率为几千兆比特/秒,科学家们预言这一速率还能继续提高。在光缆上信号的往返传输延迟时间是几毫微秒,而卫星信号的往返传输延迟时间是几百微秒,甚至半秒。海底光缆的这些优点都是通信卫星所望尘莫及的。

245. 光纤是如何传输信息的?

利用光来传递信息的实例自古就有,例如我国古代利用烽火台上的烟火来传送紧急信息就是比较典型的一例。其实,光纤通信也是利用光来传递信息的,只不过光在特制的光纤中能传得更远,并且不受天气等自然条件的影响,而且彼此之间也没有什么影响。

光纤是光导纤维的简称,是用纯度很高的石英玻璃拉成的又细又长的丝,就像植物的纤维一样。光纤通信系统中,利用光纤作信道,将光信号从一端传输到另一端,光在光纤中的衰减很小,所以光在光纤中能传很远的距离。别看光纤细得像纤维,可它还是由两层构成的呢,即折射率较高的纤芯和折射率较低的包层。这样做的目的是要让光信号能始终沿着光纤传输,而不至于从光纤壁溜走。通常,包层的外面还涂有薄薄的一层涂敷层,其作用是保护光纤不受水汽的侵蚀和机械的擦伤,同时又增加光纤的柔韧性。在涂敷层外,还有塑料外套,起保护作用。

通信光纤

我们知道,无论电报、电话,还是计算机都是使用电信号,所以在光纤通信中,必须先把这些电信号变成光信号。光信号沿光纤传输,到达接收端后再将光信号还原成电信号。

246. 光纤通信系统由哪几部分组成?

光纤通信系统和其他的通信系统一样,也是由发射机、信道和接收机三部分组成。

在信号发射端,话音或非话音信号被转化为数字信号后送给光发射机。光发射机的作用就是将电信号转变为光信号,并将光信号耦合到光纤中去,其核心器件是发光二极管或激光器。送入光纤的光脉冲信号沿光纤向前传播,虽经过多次折射和反射仍然不会有多少损耗。

光纤就是光纤通信系统的信道,通常由高纯度的玻璃或塑料制成,能够不失真、无衰减地传输光信号。由于光信号的频率比无线电信号高许多,因而光纤的带宽或传输率比电缆高许多,是一条真正的信息高速公路。

在信号接收端,必须经过相反的处理,把光脉冲信号转化为话音或非话音等模拟信号。光检测器是光接收机的重要部件,在光纤通信中通常采用光电二极管作光检测器,它能将光信号转变成相应的电信号。

247. 海底光缆会取代海底电缆吗?

无论是在海底还是在陆地,光缆都有许多令电缆望尘莫及的优点,这主要表现在:

第一,光缆的通信容量巨大,它所能容纳的信息量之大,是历"代"信息媒体所望尘莫及的。一根直径不到1.3厘米的由32根光纤组成的光缆,竟能容许50万对用户同时通话,或者同时传送5000个频道的电视节目。这只是目前的水平,它的潜力还远远没有发挥出来呢!

第二,光纤的传输损耗低,信号衰减慢,因而中继距离长,需要中继器数目少,对于降低建设和维护费用都大有好处。

第三,光纤既不辐射电磁波,又不受电磁干扰,通信质量高,保密性好,能在有强电干扰和电磁辐射严重的环境中工作。

正是由于光纤通信的这些优点,它一经问世,便成为通信领域里一颗耀眼的明星。现在,海底光缆已在跨越海洋的洲际海缆领域取代了海底电缆,从此,远洋洲际间就不再铺设海底电缆了。

248. 海底光缆传输系统包括哪些设备？

海底光缆传输系统就是指通过铺设在海底的光缆，连接两个或多个传输终端的跨海通信传输系统。你也许会问，连接两个终端的传输系统不就是一根长长的光缆吗？问题并没有那么简单，由于光信号在光纤中也会有不同程度的衰减，所以光信号在光纤中传输一定的距离后必须加以放大，这一任务通常是由水下中继器来完成的。因此，铺设在海底的光缆往往要用若干个水下中继器以增加其传输距离。

海底光缆铺设中

事实上，一个完整的海底光缆系统通常是由海底光缆、传输终端设备、监测管理设备以及其他一些辅助设备所组成。对于需要中继传输的长距离海缆系统，还应包括水下中继器和远供电源设备。其中，水下中继器是用来放大或再生已衰减的光信号，而远供电源设备则是给水下中继器提供电源的。

249. 为什么海底光缆必须穿上厚厚的"潜水服"?

就光纤而言,海底光缆与陆地光缆并没有什么区别,都是利用玻璃纤维来传送光信号的。但是,由于海底光缆的设计必须解决抗海底的海水压力、渗透以及海水的腐蚀等问题,并保证它能承受足够的纵向拉力,使得海底光缆中的光纤在铺设施工和受力的情况下不会产生任何损伤。所以,海底光缆与陆地光缆还是有所不同的,那就是海底光缆必须穿上厚厚的"潜水服"。具体来说,海底光缆是由位于海底光缆中心的光纤导体组合单元和外铠装保护套组成。海底光缆的光纤一般为4芯~16芯,多采用束管式或骨架式结构,缆芯填充油膏,外包钢拱片和(或)细钢丝使其卡住内部的光纤单元部分,外面再包上一层铜带作为远供导体,通过它可以给水下中继器供电。最外层为高密度聚乙烯绝缘护层,这样就构成了外铠装的海底光缆。

250. 什么时候使用无中继海底电缆?

实际上,光纤在传输光信号的过程中也会有不同程度的损耗,并且传输距离越远,衰减就越严重。所以,经过一定的传输距离后必须对光信号进行放大,也就是通常所说的中继,才能使光信号传得更远。很明显,当收、发两端的距离比较近(小于中继距离)时,就没有必要使用中继器了。

根据传输距离的不同,海底光缆可分为有中继海底光缆和无中继海底光缆两大类。有中继海底光缆主要是跨洋的长途海底光缆,多数集中在太平洋区和大西洋区,也有一些是跨两个大洋的。这些海底光缆线路长、登陆点多、投资额大、采用先进技术多,在海底光缆市场中占有举足轻重的地位。而无中继海底光缆有一半以上集中在东南亚,其次是北欧、地中海、加勒比海等地。这些地区岛屿众多,用于岛屿与岛屿、岛屿与大陆之间的无中继海底光缆的密度就比较高。

251. "深海光缆"和"浅海光缆"的区别是什么?

"深海光缆"与"浅海光缆"的区别在于电缆外层有没有铠装层。"深海光缆"主要布放在深海地区。由于深海区域的海底多为软的泥沙,海流速度较小,光缆遭受外界损伤的机会极少,所以"深海光缆"均不加铠装层,也就是说在深海地区使用的是无铠光缆。

"浅海光缆"则是布放在浅海区域及近岸部分的海底光缆。布放在这些区域的海底光缆易受到海潮的冲击、海底岩石的磨损,以及船锚和拖网等人为因素的伤害,为此需要在电缆的最外层加上一层或两层钢丝做成的保护套。通常,这种光缆被称为铠装光缆。

需要说明的是,对于海底光缆系统而言,"深海"与"浅海"的定义一般取决于海底断面情况和海底光缆维修时中继段的维护余量等因素,通常深海与浅海的水深界限在1000米~2500米之间。

252. 海底光缆是怎样铺设的?

要建设海底光缆系统,首先需进行详细的海洋勘察。通过多方案比较,优选出一条安全可靠、便于施工维护和节约投资的光缆路线。海洋勘察的主要内容包括水深、海底地形、海底地质、海底沉积物、海底管线缆线、海底沉船、海水温度垂直分布、海水腐蚀指标、潮流活动情况、海底地震区域、航运、渔业以及海水养殖等。

　　海底光缆的施工操作与陆地光缆不同,它是将工厂制造的合格光缆,按设计的中继距离和选定的光缆结构连成一个光缆中继段整体,再将检验合格的水下中继器与光缆段连接在一起,经过性能测试后装上海缆施工船,运到选定的海缆路径上进行铺设。在整个铺设过程中,还要不断地对海缆系统进行监测,以便及时发现并处理出现的问题。在海面上进行光缆接续操作难度很大,完成一处光缆接续要连续工作约40小时。为了减少铺设过程中进行海缆接续的次数,通常是将几千米甚至上万米的光缆及其中继器在装船前就连接起来了。

　　在深海区域,只要将海底光缆布放在海底即可,不需要埋设。在浅海区域,

海底光缆铺设船

特别是航行频繁、渔业捕捞、海洋养殖等海域,需要将光缆埋入海底,掩埋深度在1米～1.5米之间。在靠近海岸,易受外力损伤的区段,还要采取防机械操作的保护措施。

　　进行海底光缆施工,需用大型专用船只以及布缆与埋缆设备、监测仪表、接续工具等,并需由专业技术人员操作。

253. 水下中继器是如何进行光信号放大的?

由于光纤总是存在不同程度的损耗,因此随着传输距离的增加,光纤中的光信号总是越来越小。为了让光信号能在光纤中传输更远的距离,每经过一定的传输距离后就必须将光信号重新放大,就像汽车每开过一定的距离就必须加油一样。完成光信号放大任务的设备就是中继器,在海底光缆中就称它为水下中继器。根据放大信号的方法不同,中继器可分为光电再生中继器和光放大中继器两种不同的类型。

光电再生中继器先经过光-电转换器将光信号转换成电信号,再对电信号进行放大、整形和定时,然后通过电-光转换器将电信号转换成光信号,以便在光纤中继续传输。目前,280兆比特/秒和560兆比特/秒以及更低传输速率的海底光缆系统均采用这种类型的水下中继器。

光放大中继器不对所传输的光信号进行光电转换,而是对光信号直接进行放大,因而非常适合于高速率及波分复用系统,其电源功耗较低,体积又小,但技术难度较大。5千兆比特/秒以上传输速率的海底光缆系统均采用光放大中继器。

通常,水下中继器是在海底光缆制造工厂里与海底光缆连接好以后,再装船并与海底光缆同时布放的,所以,水下中继器的机械强度也应能承受海底的高压、铺设施工和打捞时的纵向拉力以及连接和埋设时的冲击等,并要有很好的防水密封性能。此外,水下中继器还应能够防止因断线、短路等故障或雷击电流所引起的电击损坏。

254. 水下中继器的能量从哪里来？

水下中继器能放大光信号，它的能量是从哪里来的呢？水下中继器是不是也需要有电源，它的电源又在哪里呢？

的确，水下中继器的能量来自电源，海缆系统的远供电源就是用来向水下中继器提供电源的供电设备。通常，远供电源与海缆系统的传输终端一起安装在海缆登陆站内。远供电源通过海底光缆内的供电导体（铜管）以恒定的直流电流向水下中继器供电。由于水下中继器的数量很多，故供电电压高达数千伏。

远供电源系统采用"导体-大地"的恒定电流供电方式，即海缆系统两端登陆站的电源通过大地及光缆内的供电导体组成回路，向水下中继器供电。在正常情况下，两端登陆站的电源供电电压要保持大致相等。而当其中一端登陆站的电源发生故障不能正常供电时，另一端的远供电源可以单独向整个海缆系统的水下中继器供电。

255. 第一条海底电报电缆是什么时候铺设的？

1844年，电报正式用于公众通信。1850年8月28日，约翰和雅各布·布雷特兄弟俩就在法国的格里斯-奈兹海角和英国的李塞兰海角之间的公海里铺设了第一条海底电报电缆，但是，只拍发了几份电报就中断了。这是什么原因呢？原来，有个打鱼人用拖网钩起了一段电缆，并截下一节高兴地向别人夸耀这种稀少的"海草"标本，还惊奇地说那里装满了金子呢。

1851年11月,人们铺设了从英国多佛尔到法国加莱的国际商业用海底电缆,这条电缆是专门用来传输电报的。事实上,这是人类历史上的第一条商业海底电缆。从那时算起,通讯电缆利用海底空间,已有150多年的历史了。

256. 大西洋的海底电缆是什么时候接通的?

1856年,大西洋电报电缆公司成立,并负责铺设横贯大西洋的海底电缆的工程。经过两年多的试验,第一条横跨大西洋的海底电报电缆终于在1858年8月5日铺设完工,并于8月12日在美国和英国之间播发了第一份海缆电报。可不幸的是,几个星期后由于报务员的错误操作,导致海底电缆绝缘层被击穿而损坏。

1865年7月,人们又开始了新的尝试。这一次跨越大西洋的电缆长3700千米,比上一次的重3倍,它的铺设工程由英国"东方巨轮"号承担。令人遗憾的是,由于用力太猛,铺设到1000千米时电缆突然折断,落入360米深的海底,而且所有打捞电缆的尝试都失败了。

次年的3月31日不得不又进行了一次尝试。经历了近10年的磨难,大西洋电报电缆公司的第三条电缆,由著名电学家汤姆逊主持铺设。1866年7月27日,穿越大西洋的电报电缆终于接通了,这是第一条成功横贯大西洋的海底电缆。从此,人类迈入了越洋通信的时代。科学家汤姆逊因为铺设大西洋海底电缆有功,英国政府于1866年封他为开尔文爵士。

尔后,人们从海底捞起了曾经落入海底的电缆,成功铺设了第二条大西洋电缆。从那以后,一条条横跨海洋的海底电报电缆线,把世界各大洲紧紧地连在了一起。

257. 铺设大西洋海底电缆时遇到了什么样的困难?

从1856年大西洋电报电缆公司成立,到1866年成功地铺设成第一条大西洋电报电缆,历经了10年风雨。那么,当时人们遇到的主要困难是什么呢?

大西洋电报电缆铺设船

由于当时人们还没有掌握深海探测技术,对复杂的海底地形所知甚少,因此用什么样的速度铺设海底电缆比较合适,人们并不清楚。例如,1865年,大西洋电报电缆公司在铺设大西洋电缆时,开始进展非常顺利,但是随着铺设长度的增加,海水越来越深,放电缆的速度不断加快。尽管人们不知道电缆在海底是拉得太紧,还是堆成一团,但是人们很清楚如果按这样的速度铺设,事先预备的电缆肯定不够长。经过讨论,人们决定要减慢放缆速度,可是当压紧绞车上的制动木把时,电缆承受不了突然增加的拉力,被扯断了。

恶劣的海况也是铺缆的障碍。当时人们的海洋气象知识贫乏,摸不透大海的脾气。1858年6月10日,天气晴朗。在进行了一系列的准备试验之后,大西洋电缆的铺设开始了。可是,小舰队出海不到两昼夜,就遇到了罕见的风暴。两艘军舰在凶猛的狂风中首尾不能相顾,各自在大自然的戏弄下挣扎。"亚伽门侬"号舱内装有1300吨电缆,还有270吨堆在甲板上。军舰几乎失去了控制,谁也不知道一分钟之后会是什么样子。这场风暴折腾了十多天,直到6月26日,铺设工作才得以重新开始。

当然,电缆的质量,特别是电缆的机械强度和绝缘性能差也是导致铺设失败的重要原因。

258. 第一条海底电话电缆是什么时候铺设的?

1891年,"帝王"号电缆船铺设了第一条英-法电话电缆,它是世界上第一条海底电话电缆。

第一条海底电话电缆落后于电报电缆近40年。为什么会有这40年的差距呢?这是因为电话与电报的传输信号不同,电话需要两条线,一条用于接收,一条用于发送。因此,电话的远距离通讯是在电话问世40年以后,即利用三极管放大电流这一难题解决之后,才逐步实现的。

259. 第一条环球电话电缆经由哪些路线?

第一条环球电话电缆是由西方国家从1961年开始铺设,耗时10年完成的,总长度超过50000千米。它的第一段是苏格兰至加拿大的大西洋电缆,在加拿大本土经过3000千米的无线电接力从东海岸传到西海岸;第二段是"康帕克"线至悉尼,完成了全球线路的一半;第三段由

澳大利亚经新西兰至中国香港,由此折往斯里兰卡、印度、巴基斯坦至非洲,沿非洲东海岸至开普敦,再往前沿西海岸往北,最后这条电话电缆返回英国,从而完成环球运行。

"康帕克"线路是指连接澳大利亚的悉尼和加拿大的温哥华的海底电话电缆线,全长15000千米,由四段组成:悉尼—奥克兰(新西兰),奥克兰—苏瓦(斐济),苏瓦—檀香山,檀香山—温哥华。

260. 最长的海底电缆线路在哪里?

到1983年,全世界共有106条国际海底电缆,总长度为12.4万海里。最长的电缆线路为太平洋电缆,长度为8233海里。电缆线路从加拿大的温哥华到美国夏威夷、斐济的苏瓦、新西兰的奥克兰、澳大利亚的悉尼。

横穿太平洋的海底电缆中,另一条比较长的是从日本的二宫,到美国关岛、威克岛、中途岛、马卡哈等地,长达5282海里。横穿大西洋的有14条国际海底同轴电缆,总长度是3.2万海里,其中最长的一条电话电缆长达3599海里。

261. 我国第一条水下电报电缆是什么时候开通的?

由英国、俄罗斯和丹麦联合铺设的香港至上海、长崎至上海的海底电报电缆是我国第一条海底电报电缆,它全长2237海里。由于违反有关规定,清政府不允许它登陆。1871年4月,由丹麦大北电报公司出面,秘密从海上将海缆引出,沿扬子江、黄浦江铺设到上海市内登陆,并在南京路12号设立报房,于1871年6月3日开始通报。

这是帝国主义入侵中国的第一条水下电报电缆和在上海租界设立的电报局。

262. 我国自主建成的第一条海底电缆是哪一条？

据史料记载，清朝时期台湾首任巡抚刘铭传考虑台湾与内陆之间的通讯不方便，便花费重金铺设了福州至台湾的海底电报电缆。1886年，铺设通联台湾全岛以及大陆的海底电缆，主要作为发送电报用途。到1888年共完成架设两条水线，一条是福州川石岛与台湾沪尾（淡水）之间的177海里海底电缆，主要是提供台湾府向清廷通报台湾的天灾、治安、财经，并提供商务通讯使用；另一条为台南安平通往澎湖的53海里海缆。目前，福州川石岛的大陆登陆点依旧存在，但是台湾淡水的具体登陆点已经不可考。闽台海缆将台湾与大陆连接起来，对台湾的开发起了重要作用。这是中国自主建设的第一条海底电缆。

263. 世界第一条海底光缆是什么时候铺设的？

从1976年开始，美国、日本、英国等工业先进国家着手研制海底光缆。到1980年，英国首先在苏格兰西部100米深的海底正式铺设了9.5千米的海底光缆试验系统，其传播速度为280兆比特/秒，光波长1.3微米。

海底光缆

海洋物理

1980年11月,日本在伊豆半岛的稻取——河津之间进行了10.2千米的无中继系统实验。1981年至1982年间,日本又在相模湾1700米深的海底铺设了1.3千米的海底光缆,其传播速度为400兆比特/秒。与此同时,美国在百慕大外海5500米深的海底铺设了一条18千米长的海底光缆,其传播速度是274兆比特/秒。

264. 第一条横越大西洋的海底光缆是什么时候投入使用的?

横越大西洋,连接北美洲和欧洲的第一条海底光缆是由美国电话电报公司、英国电信公司和法国电信公司等合作,于1989年10月底铺设完毕,并于同年12月4日正式开通使用的。这条光缆含有3对光纤,每对光纤的传输速率为280兆比特/秒,可同时传递40000个电话。你知道吗?这比当时全世界所有铜质电缆通话量的总和还要高出1倍,它的中继站距离为67千米,全长6700千米。它的贯通,标志着海底光缆时代的到来。

不久以后,横跨太平洋的另一条长13363千米的海底光纤电缆将日本与美国连接起来。此后,美国和前苏联之间也铺设了一条横越西伯利亚的海底光缆。这样,全球光纤通讯网络已基本形成。从此,海底光缆就在跨越海洋的洲际海缆领域取代了同轴电缆,同时也宣告了远洋洲际海底电缆时代的结束。

265. 世界上最长的海底光缆在哪里?

1999年8月30日由法国电信公司主持铺设的全长40000千米的海底光缆正式投入商业使用,这是目前全世界最长的海底光缆。

这条世界最长的海底光缆,起始点为法国的菲尼斯太尔,它向北延伸至德国的诺德奈,向南延伸到澳大利亚的珀斯,其间还经过了葡萄牙和西班牙,并穿过地中海、红海和印度洋,将欧洲、非洲、亚洲和大洋洲的33个国家连接在一起,覆盖面为40亿人口,即全世界将近四分之三的人口都可以享受这条海底光缆带来的便利。此外,这条海底光缆的传输速率为40千兆比特/秒,是目前世界上传输速率最快的海底光缆,它能同时传输声音、图像和数据。

266. 我国最长的海底通信光缆在哪里?

目前,我国国内最长的海底光缆是海口至北海的通信光缆,容量为两个2.5千兆比特/秒,可以承载60000多条电路,总投资2.34亿元人民币,线路全长301千米,其中海缆170多千米。它从海南省海口到临高,经北部湾向北至广西北海,与其他干线汇合,从而进一步沟通了海南与中国西南、西北地区的通信联系,成为中国通信"八纵八横"骨干传输网络的重要组成部分。

这条光缆不仅可以承载现有的各种通信业务,将来还可承载高清晰度电视、高速数据等传输业务,对海南远程教学、远程医疗、远程购物和电子出版、新闻检索等事业的发展打下了良好的基础。

267. 连接我国的国际海底光缆有哪些?

一个国家若拥有自己的海底光缆通信网,就意味着有更完善、更可靠的通信手段。拥有国际海底光缆的数量更是一个国家开放程度、国际交流程度和国际地位的重要标志。

电缆铺设船正在海上施工

自1993年起,中国内地第一条国际海底光缆——中日海底光缆就正式开通投入运营。此后,上海先后有"环球"、"欧亚"、"中美"、"亚太"、"C2C"等国际海底光缆系统建成开通,使得目前在上海登陆的国际海底光缆总数达到了9条6个系统。加上在汕头、青岛登陆的国际海底光缆系统,我国国际海底光缆总数已达到16条7个系统,通达世界30多个国际海底光缆登陆站。通过这些登陆点,连接几乎所有国家和地区的国际海底光缆系统,形成了一张覆盖全球的高速数字光通信网络。

我国海底光缆传输技术也从准同步数字系列、同步数字系列发展到目前国际上最先进的密集波分复用系统,光缆的传输速率从最初的560M扩展到目前的7.2T,承载容量增加了上万倍,可供上亿个用户同时通信而互不干扰。

268. 我国参加建设的第一条国际海底光缆是哪条？

中日海底光缆是我国参加建设的第一条国际海底光缆，它连接中国上海和日本宫崎，全长1200多千米，容量为560兆比特/秒。其发起方为中国电信、日本KDD和美国AT&T。该系统已于1993年12月15日正式开通。这条光缆的建成不仅极大地提高了中日两国间的通信能力，也成为国际通信网的重要组成部分。

269. 中韩海底光缆是什么时候建成开通的？

1996年2月，全长549千米的中韩海底光缆建成开通，光缆分别在我国青岛和韩国泰安登陆。它是由两个传输率为560兆比特/秒的系统构成，设计容量为15120条数字电路。这条光缆的建成不仅极大地提高了中韩两国间的通信能力，也成为国际通信网的重要组成部分。

270. 第一条洲际光缆是什么时候在我国登陆的？

1997年11月，我国参与建设的环球海底光缆系统建成并投入运营，这是第一条在我国登陆的洲际光缆系统，自西向东，分别在英国、埃及、印度、泰国、日本等12个国家和地区登陆，全长27000多千米，其中中国段为622千米，总容量为10兆比特/秒。

271. 中美海底光缆是什么时候投入使用的？

由中国电信、美国AT&T、日本KDD等14家国际电信公司共同发起的中美海底光缆，全长约26000千米，具有4对光纤，在中国大陆和美国大陆各设两个登陆站，形成环形，并以分支方式连接中国台湾、日本、韩国等，设计容量为南北线各80千兆比特/秒。我国的登陆站分别设在上海崇明和广东汕头,中美之间有两条直达路由,可满足我国到北美的通信需求。

中美海底光缆系统是1997年12月开工建设的,目前,除美国圣路易斯·澳比斯波站因未得到登陆许可外,其余各段(日本关岛—汕头—上海—美国班顿)的建设安装及测试工作于1999年12月初全部完成,并于2000年1月19日正式投入使用。它的开通极大地缓解了亚洲到美洲的线路紧张状况。

该系统采用最先进的光放大器、同步数字传输技术和波分复用技术,可在光缆受到损害时,自动提供内部修复和及时重新调整传输路径的功能。

272. 亚欧海底光缆是什么时候建成开通的?

由中国电信和新加坡等电信公司共同发起的亚欧海底光缆,连接亚洲、欧洲和大洋洲。它西起英国,经地中海连接法国、意大利等国,再通过红海进入印度洋到新加坡,然后再向东经马来西亚、菲律宾、文莱、越南等到达我国,最后通达日本、韩国。它全长约38000千米,连接30多个国家和地区,共设39个登陆站。

它采用先进的8波长波分复用技术,主干路由设计容量可达40千兆比特/秒,在我国上海、汕头两地登陆。经过3年的建设,整个系统于2000年9月14日全线开通。

273. "亚太2号"光缆是什么时候建成的?

"亚太2号"海底光缆网络连接中国大陆、中国香港、中国台湾、日本、韩国、马来西亚、新加坡和菲律宾,并与中美、亚欧海底光缆互联互通。整个系统长约16000千米,设计容量为2.5千兆比特/秒。该网络由4对光缆组成自愈环结构。由于该系统具有足够的带宽和采用最新传输技术,"亚太2号"光缆网络将能满足亚太地区电信业务飞速发展的需要。

"亚太2号"海底光缆网络由中国电信等亚洲国际电信公司发起,美欧电信公司参与投资,共20余家电信公司参与投资建设。该系统的谅解备忘录于1999年6月16日在我国昆明签署。"亚太2号"海底光缆在我国有两个登陆点,分别在上海崇明和广东汕头。整个系统已于2001年建成并投入使用。

274. 亚美海底光缆最突出的特点是什么?

中国电信、中华电信、韩国电信、日本电信、日本电话电报公司以及两家美国公司等七个世界领先的电信运营公司,联手建设了高速率跨太平洋海底光缆——亚美海底光缆。亚美海底光缆系统连接亚洲和北美的五个国家和地区,全长30000多千米,于2002年底投入使用,并有可能延伸到其他国家和地区。

这个系统采用最先进的密集波分复用技术,总容量可达5.12千兆比特/秒,是现有中美海底光缆的64倍。可以为因特网业务及诸如图像传送、电子商务等的应用提供有效的传输手段。

另外,亚美海底光缆系统采用有8对光纤的自愈环结构,可以保证系统的可靠性和路由的多样性,对传送不可中断的语音、数据和图像业务十分重要。这一系统还将考虑与其他大容量光缆系统相连接,以适应世界范围内电信业务发展的需要。

275. 引起海底电缆断裂的原因是什么?

1855年,姆·弗·莫利根据当时掌握的洋底知识,对海底电缆的耐久性作出结论说:铺设在洋底的电缆,由于处于平静的状态,不会遭受任何移动、搅动和磨损,将十分安全地经受时间的考验。其实,这种结论是建立在这样的一种设想之上的,即认为:"一切搅动海洋平静的捣乱分子都处于接近海面的区域或处于海面之上,在海洋深处没有任何一个捣乱分子的避难所。"后来的实践证明,莫利当时掌握的情况并不全面,因而他关于海底电缆耐久性的结论也是完全错误的。

贝尔实验室的研究人员进行了大量的海底电缆断裂试验,并仔细分析了20年间的观测资料,认为绝大多数电缆断裂发生在小于400米的深处,而且大多数断裂是由磨损和腐蚀引起的。当海底电缆铺设在陡坡处或靠近像河口这样一些非稳定性沉积物源时,海底电缆断裂的可能性就很大。在海底电缆横越一些捕鱼频繁的地区,拖网就成为电缆断裂的主要"肇事者"。底栖生物附生在海底电缆上对电缆的完好性没有多大影响,但是,如果深度小于20米的话,情况就不一样了。另外,水下地震、洋底的火山活动、潜入很深处觅食的海洋动物,也可能造成电缆的断裂,只是这些因素在上述的各种因素中所占的比重极小。

276. 破坏海底电缆的主要"肇事者"有哪些？

磨损和腐蚀导致海底电缆的损坏通常都是因为天长日久，可是，有些东西却能导致海底电缆的意外损坏。那么，导致海底电缆意外损坏的"肇事者"主要有哪些呢？

渔船是导致海底电缆意外损坏的主要肇事者。在铺设横跨英吉利海峡的电报电缆时，电缆刚接上岸没几个小时就中断了。原来是一位法国渔民的铁锚钩上了电缆，这位渔民把它当成新奇的海草割下了一段。从那时起，海底电缆与渔船之间的官司便没完没了。

有时大型的海洋动物也会导致海底电缆的意外损坏。1932年4月，位于巴拿马湾巴尔博亚附近的一段电缆发生故障。"亚美利亚"号修理船前去修理，人们费了好大劲才把电缆从1000米深处打捞上来，谁知一条14米长的抹香鲸也随着露出水面。原来，电缆缠住了抹香鲸的下颌和鳍，鲸成了这次事故的肇事者。

战争往往会给海底电缆造成人为破坏。1914年11月9日，德国巡洋舰"埃姆登"驶抵科科斯群岛，摧毁了经这里通往南非、印度尼西亚和澳大利亚的海底电报线路。第二次世界大战期间，日本人又重复了这样的破坏行动。

1888年，一次大地震使通往澳大利亚的3条海底电缆同时断裂。1929年11月18日，北大西洋的一次强烈地震破坏了连接欧美大陆的大多数电缆。在海底地震或火山爆发时，海水往往产生每小时90千米的流速，并搅拌着海底泥沙形成"浊流"，对海底电缆产生强大的冲力，造成严重的破坏。可见海底地震或火山爆发是造成海底电缆意外损坏的又一重要原因。

277. 怎样进行海底管线的监测?

海底电缆、光缆和石油管线常年置于高盐度、高压力的海底,加上渔船和大型海洋动物等意外因素的影响,经常有可能被损坏。如何判断它们的使用情况是否正常呢?如果损坏了,损坏的部位在哪里?这是让人颇为头疼的问题。因为在几百米,甚至几千米深的海底,伸手不见五指,看又看不见,摸又摸不着。

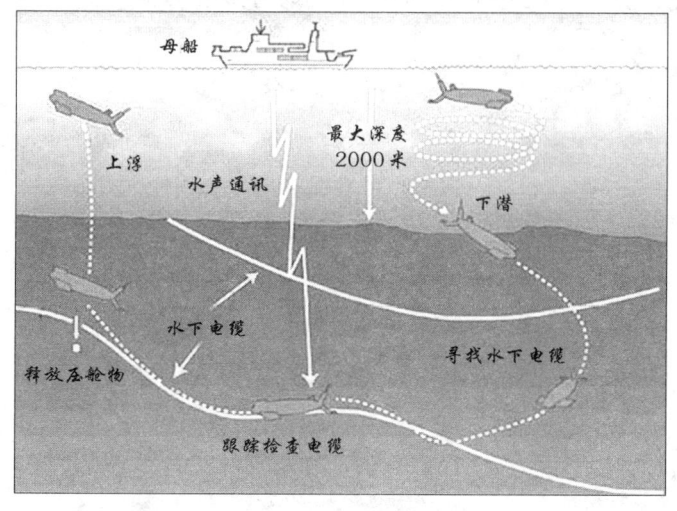

"水下探索者2000"进行水下作业

针对这些问题,日本人研制成功了一种磁探测监视系统,终于解决了这个困扰人们的问题。这套系统可以探测海底管线埋设的位置和被土覆盖的情况。该系统由传感器、各种测量仪器和计算机、打印机等组成。将磁倾斜度传感器和声学探测仪等安装在传感器架上,使用时从船上把传感器架用绳子吊下去,在离海底1米以内时进行拖曳,以检测海底磁性物体的磁力,并将所测数据送到船上的计算机处理,即可实时地判断出观测结果。实际上,这是一种有缆机器人。

现在,日本KDDI公司又在研制能在深达2000米海底工作的下一代智能机器人,称为"水下探索者2000"。这是一种无人无缆水下机器人,可在海底自由行动,独立判断情况并采取相应措施。它除了能检测、维修海底电缆、光缆外,还能检查、维修海底电力线和石油管线。

海洋物理

准确无误的导航技术

278. 什么是地文导航?

船舶在茫茫大海中航行,要选择最经济、最安全的航线,这就离不开航海导航技术。古代航海主要是与岸边保持较近距离的近海航行,因此,航海史上最古老、最悠久的航海导航术当属为地文导航术。地文导航术主要采用河口、海岸和近海岛屿山形、水势来导航,通过判断这些地物的位置来确定航向。中国古代的海上航行也主要采用地文导航,所用的水路簿、针经和海图,都尽可能地详细记载了航线上可用于导航的地貌:山形、水势、岛屿、暗礁、港湾和海底泥等。

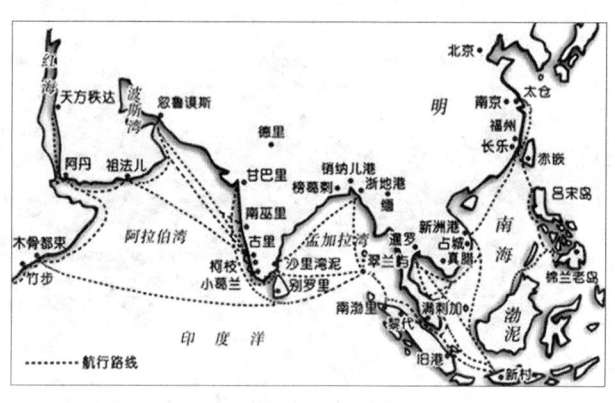

郑和船队的航行路线

中国古代航海史上最耀眼的成就当属明代郑和七下西洋。郑和主要是沿着海岸线航行,曾达到爪哇、苏门答腊等30多个国家,最远达到非洲东岸索马里海域,其航海技术、船队规模、航程之远、时间跨度均领先于当时世界上其他国家。郑和下西洋的航海术主要是地文导航,以海洋科学知识和航海图为依据,运用航海罗盘、计程仪、测深仪等仪器,按照海图、水路簿记载来确定航线。《郑和航海图》对海洋地貌记录极为详细,较正确地绘有中外岛屿846个,并分出道、屿、沙、浅、石塘、港、礁、硖、石、门、洲等11种地貌类型。

279. 什么是天文导航?

天文导航是古代人们在航海技术积累到相当程度后才发展起来的。就我国古代天文导航定位技术而言,只是到了西汉以后,才有了这方面明确的记载。最早提到航海时依靠天上的日月星辰来判明方位的书籍是西汉古籍《淮南子》。书中提到的一种"海人之占"的原始天文航海导航定位技术,它是从我国远古时期的占星术发展而来的。

到了元代,通过测量天体高度来辨认船位变化的技术已日趋成熟。在《马可·波罗游记》一书中,马可·波罗就提到在航海中天体高度的变化情况,表明当时的航海者是通过测量某些特定星辰与海平面的高度来确定船的方位。我国宋元时期古代文献和出土文物中的"量天尺",就是这种天文导航定位技术中的一个主要工具。而明代的"牵星术"则是这种技术发展到相当程度后出现的。明代的牵星术已经不是简单的"量天尺"这一类的工具所能胜任的,它是由"牵星板"来完成的。明代的李诩在《戒庵老人漫笔》一书中对牵星板有过详细的介绍,它是由几块用乌木制成的由小渐大的四角木板组成的,另外有一块象牙做的板块,但它是八边形的。在牵星板上还分别标有两种古代度量单位——指和角。

郑和以后,由于我国航海业日趋式微,有关天文导航定位技术发展的记载也几乎消失了。此后,我国的古代天文导航定位技术只是在民间的航船上存在着,并一直延续到现代。

280. 最早的助航仪器是什么?

指南针也叫罗盘针,是我国古代发明的利用磁石指极性制成的指南仪器。早在春秋战国时期,我国就发明了用于指示方向的指南器——司南。战国时的《韩非子》和东汉王充《论衡》中均有关于司南的记载。司南是由一把"勺子"和一个"地盘"两部分组成。司南勺由磁石制成,一头琢成长柄,重心在底部。地盘上有表示方位的刻线。勺子和地盘接触部位打磨得非常光滑,把勺子放在地盘上可自由转动,当其停止转动时,磁勺长柄指示南方。司南就是指南针的前身,因此指南针也叫罗盘针。

指南针发明后很快就应用于航海。最早记载指南针在航海上应用的是北宋的《萍州可谈》一书。书中是这样记载的:"舟师识地理,夜则观星,昼则观日,阴晦观指南针。"传统的地文导航和天文导航,均容易受到天气的影响。但使用指南针就不受影响了,它可以作为很好的补充,两者相互配合来完善航海导航。在南宋的《诸蕃志》中记载,当时海船昼夜在海上航行都是使用指南针来导航了。到元代时已经用指南针来确定航海路线,称它为针路。指南针和放在下面的指示盘合称为罗盘。明代时郑和下西洋使用的航海图就是罗盘导航的"针路图"和天文导航的"过洋牵星图"。

281. 天文钟是谁发明的?

1707年,在英国海军舰队中发生了一场大惨祸,其原因是船舶位置的确定出了差错。因此,英国国会悬赏1万到2万英镑,奖励能够找到在海洋中精确测定经度方法的人。

要精确测定经度,就必须有高度准确地保持零度子午线时间的时钟,即格林威治时间的时钟,这个时钟就是人们通常所说的天文钟。海员们借助六分仪和天文表确定当地的时间,根据当地时间和格林威治时间之间的时差就可以确定当地的经度。

1753年,第一个可以接受的天文钟诞生了,它是一个木匠的儿子约翰·哈里逊制造的。第一个天文钟的误差为经度3度,它至今还在格林威治国立海洋博物馆内运行着。后来,哈里逊又对天文钟作了一系列的改进,他的第四型天文钟于1761年在通向牙买加的航程中进行了为期2个月的试验。结果非常令人满意,因为累计测时误差只有9秒,这相当于经度误差还不到2分。然而,哈里逊只得到了四分之一的奖金。

282. 海洋导航技术有什么重要的作用?

汪洋大海,像是一座巨大无比的桥梁,把全世界的各片陆地连接起来,成为人类天然的交通大道。千百年来,人们利用船舶漂洋过海,进行经济和文化交流,推动了社会的进步。船舶在海洋上航行时,为了节约时间、节省燃料以及自身的安全,必须选择最经济、最安全的航线。可是,海面上茫茫一片,不像陆地,根本看不到什么"道路",

那么,船舶是如何确定自己的航线呢?

在茫茫大海中如何确定自己的位置

船舶要在大海上沿着正确的航线航行,首先要有一张反映大海"面貌"的海图,标明哪些地方有暗流,哪些地方有礁石,哪些地方是安全的,只有这样才能找到正确的航线。接下来的任务就是要知道自己在大海中的位置,或者说自己在海图中的位置,以便参照海图航行。怎样才能知道自己在海洋中的位置呢?这就需要采用海洋导航技术来定位了。因此,无论是军用船舶,还是民用船舶,在大海中航行时,谁都离不开海洋导航技术。

283. 什么是海洋导航技术？

我们知道了海洋导航技术的重要性，可是，海洋导航技术究竟是怎样一种技术呢？它是如何帮助船舶确定自身位置的呢？实际上，海洋导航技术就是用特定的仪器或设备来确定船舶在大海中的坐标，以控制它们有目的地从一地向另一地运动的一门技术。早期的海洋导航技术是应用岸上或海岛上的标记以及按天空中星座的位置来确定舰船所在的位置，主要包括灯塔、指南针、手持六分仪等导航装置。但是，这些装置只能在地面和天空能见度良好的情况下才可使用，并且测量速度慢、精度差。

借助指南针和手持六分仪导航

随着无线电技术的发展，又出现了无线电导航。无线电导航设备能利用无线电波测量出目标的坐标，它的工作与气候条件无关，可以在近、中、远距离上顺利地完成各项导航任务。因此，20世纪前半叶，无线电导航技术得到了迅速的发展。随后出现的卫星导航技术更是将海洋导航技术推向了极点，它真正实现了全天时、全天候的全球导航。

284. 谁开辟了卫星导航的新纪元？

20世纪70年代，由于核动力潜艇、大型运输机和远洋运输船队的迅速发展，迫切要求研制生产一种能够覆盖全球的导航系统。1964年，美国一种低轨道的海军卫星导航系统(后来被称为"子午仪卫星导航系统")的研制成功，开辟了卫星导航的新纪元。随着第二代卫星导航系统——全球定位系统(GPS)的出现，卫星导航以其全球性、全天候、高精度的优点，成为目前使用最广泛、发展潜力最大的船舶导航系统。

虽然新型全球卫星导航系统是最有效的，也是发展最快的导航技术，但现有的无线电信标、远程无线电导航系统、"奥米加"超远导航系统等也不会在短时间内停止使用。这是因为传统的无线电导航技术的价格相对便宜，也能满足一般用户的需要。因此，多种导航技术长短互补，相辅相成，已经构成了现代海洋导航技术的新格局。

285. 无线电导航定位的种类有哪些？

根据有效使用距离的不同，无线电导航定位系统有近程高精度定位系统和中远程导航定位系统之分。其中，近程高精度定位系统包括航海无线电信标、自动雷达标绘设备、"台卡"导航系统等，而中远程导航定位系统主要有"劳兰"系统和"奥米加"系统。

最早的无线电导航系统是20世纪初发明的无线电测向系统。从20世纪40年代开始，人们研制了一系列的双曲线无线电导航系统，例如英国的"台卡"和美国的

"劳兰"与"奥米加"。这些系统都是根据双曲线的几何原理,通过对岸台信号脉冲和相位的测量来实现导航定位的。

其实,卫星导航也是利用无线电波来实现的,因此,也属无线电导航的范畴,只是习惯上人们将它从无线电导航中独立出来,称为卫星导航。

286. 无线电导航技术发展的历史是怎样的?

无线电的发明,揭开了无线电导航发展的序幕。最早使用的无线电导航装置是无线电测向仪。1902年,斯通发明了无线电测向技术,但由于其用途不大,迟迟没能得到应用。直到1907年,发明了测角器,才开始了无线电测向仪的应用阶段。迄今为止,根据国际上的规定,差不多所有的远洋船上都强制装有无线电测向仪。

1934年,英国试制军用雷达。1937年,美国海军试制雷达。随着雷达的问世,人们开始利用雷达进行导航了。

第二次世界大战期间,人们研制了一系列双曲线无线电导航系统,例如英国的"台卡"系统、美国的"劳兰"系统和"奥米加"系统。无线电导航的技术获得了划时代的进步。

最早出现的"劳兰"系统,人们一般称之为"劳兰A"。随着科学技术的飞速发展,美国又发展了远程无线电导航系统"劳兰C"和"劳兰D",使无线电导航技术得到了进一步的发展。这就为无线电导航技术向着高精度、远距离、全天候和多用途的方向迈步前进奠定了基础。

287. 测向仪是怎样知道船舶所在位置的？

最早的无线电测向仪出现在 20 世纪 20 年代。直到现在，在一些较大的船只上还将它作为船上高级导航系统的备用设备，在一些近海游艇上更是大量使用这种系统。

它由安装在船上的测向仪和沿海岸配置的指向标，即无线电信标两个部分组成。无线电信标是用来发射无线电信号的，它工作在 275 千赫～335 千赫的频率范围内。距离相隔较远的两个信标可以工作在相同的频率上，但发射的时间要错开，以防相互干扰。

测向仪一直都是重要的导航设备，主要用来接收无线电信标发出的无线电信号。测向仪的天线系统都是环形的，既可以是旋转式的，也可以是固定式的。

为什么有了无线电信标和测向仪，船只就能知道自己的位置呢？问题的关键就在于测向仪的接收天线，它是一种具有指向性的天线。所谓指向性天线，就是说同样大小的无线电信号，如果以不同的方向到达接收天线，那么天线感应出来信号的大小就不一样。因此，只要我们不停地转动天线，直到接收信号最强时，接收天线所指向的方向就是无线电信标台所在的方向。如果我们不仅想知道船只的方向，还想知道船只的位置，可以用船上测向仪对岸上 2 个～3 个信标台顺次测向，测得位置线的交点就是船位。

由于无线电测向仪定位速度很慢，所以只适用于速度较慢的船只，而不适用于速度太快的飞机。另外，由于测向仪对地波传播的信号测向比较准确,而对电离层反射的电磁波测向既不准确也不稳定,并且它的有效作用距离只有100海里左右,所以它只能用于沿海水域的定位和导航。

288. 船用雷达是如何测得目标的距离和方位的?

被称为"国防千里眼"的雷达,是靠发射和接收无线电波来搜索和探测目标的设备。和其他雷达一样,船用雷达也是利用电磁波按一定速度直线传播的特点,并根据目标对电磁波的反射来测定目标的距离和方位的。具体来说,它一面向周围扫描,一面发射很窄的无线电脉冲。遇到目标后,就会有一些电磁波被反射回来,从回

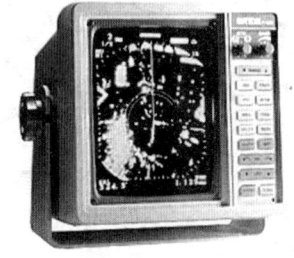

船用雷达

波波束的方向就能确定目标的方向。在确定了目标方向后,通过测定电磁波从发射到返回所用的时间就能算出目标的距离。

船用雷达只能测出船舶在海面上的相对位置,而无法测出船舶在海面上的绝对位置。因此,雷达导航主要用于观测其他船舶的移动和障碍物的位置,特别适用于黑夜和雾天中,引导船只出入海湾,通过狭窄水道和沿海航行,对于防止航行中碰撞事故很有帮助。

经过几十年的使用和改进,船用雷达在自动化和智能化方面有了很大的发展。例如,利用计算机研制成功的自动雷达目标跟踪和估算系统,能检测并跟踪目标,测

量船舶与目标之间的相对运动,预计目标未来的运动和最接近点,协助驾驶人员采取回避动作。

289. 双曲线导航系统是怎样实现导航定位的?

通过数学推导可知:"平面上到两个固定点的距离之差为常数的点的轨迹是双曲线,这两个固定点就是双曲线的焦点。"双曲线导航系统正是以这个原理为基础的无线电导航系统。下面我们具体来看一下双曲线导航是怎样实现的。

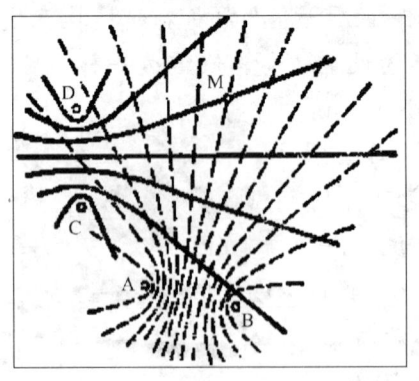

双曲线定位

假设有两个位置已知的发射台分别位于 A、B 两点,它们同时发送同步的、有特殊时间间隔的信号。如果船舶在位置不明确的 M 点接收这组信号,由于接收点到两发射台的距离不同,信号到达 M 点的时间也就不同,即存在着时差。若把时差为一定值的点连接起来,就得到以 A、B 为焦点的一对双曲线。我们知道 M 点肯定是位于这对双曲线上,但是还不清楚是在哪一条上,更不知道在哪一点上。如果我们错开 A、B 两个台的发射时间,以便让 M 点知道先收到的是 A 点还是 B 点的信号,就可以确定 M 点是离 A 近还是离 B 近,也就是说知道 M 点到底在那一条双曲线上了。

现在,我们只要在已知的 C 点再增加一个发射台,按同样的方法,就能确定 M 在以 A、C 为焦点的一条双曲线上。这样一来,两条双曲线的交点便是 M 点的位置了。

双曲线导航的主要优点是船上不需发射无线电波,仅安装接收指示器即可,因此船上设备简单可靠,使用维护方便。的确,双曲线导航是一种非常优秀的导航方法,其系统已经遍布世界各地,其中以"劳兰"、"奥米加"和"台卡"系统使用得最为广泛。

290. 什么是"劳兰"导航系统?

"劳兰"是最早付诸实用的一种双曲线导航系统,也是目前用户最多的导航系统之一。它拥有 30 多万海洋用户、50 多万航空用户和数目可观的陆地用户。

"劳兰"系统最初是出于军事需要,由美国麻省理工学院为主体的委员会开发研制的,第二次世界大战中正式投入使用。1943 年,这个系统就覆盖了大西洋西部和北部许多地区,以后又逐步扩展到太平洋和东南亚。战后开始向民用开放,获得了广泛的应用。

"劳兰"的英文原意是远距离导航,是为了区别于当时的"肖兰"系统,即近距离导航系统而命名的。但是,随着导航技术的进一步发展,相对于目前的"奥米加"系统来说,"劳兰"只能算是一种中距离导航系统。

经过几十年的发展,"劳兰"系统先后出现了"劳兰A"、"劳兰B"、"劳兰C"和"劳兰D"系统,"劳兰"家族可真是人丁兴旺。其中,"劳兰D"主要用于军事方面,而"劳兰C"则在民用中得到了广泛的应用。

291. "劳兰C"为什么会取代"劳兰A"?

"劳兰"家族的长子"劳兰A"在20世纪40年代发展很快,70年代达到了鼎盛时期。它在世界各地拥有80多个发射台,天波覆盖了北太平洋、北大西洋的绝大部分水域,用户超过10万。在此之后,随着性能更为优越,覆盖面积更广的"劳兰C"的出现,"劳兰A"的用户逐步转向了"劳兰C"。

那么,与"劳兰A"相比,"劳兰C"的主要优点在哪里呢? 经过比较,人们发现:首先,"劳兰A"使用近2兆赫的短波,而"劳兰C"则采用100千赫的长波。将短波换成长波,虽然增加了天线的尺寸,但作用距离明显增大,可达600海里~1500海里,是"劳兰A"的2倍。其次,"劳兰C"采用了相位差比较的方式来测定时差,虽然增加了系统的复杂程度,但测量精度大大提高,比"劳兰A"的精度高出10倍。

从比较可以看出,"劳兰C"是一种比"劳兰A"覆盖面积更广、导航精度更高的新一代导航系统,它取代"劳兰A"是一种必然的趋势。

292. "台卡"是什么样的导航系统?

"台卡"是英国人在20世纪40年代研制的一种相位差双曲线导航系统。它是以船舶到两个地面台的距离差为基础,通过测量来自两个地面台信号的相位差而求出距离差来实现导航的系统。

"台卡"导航系统的有效导航距离可达463千米,主要用于海上近程、高精度定位和沿海岸导航。目前,在世界范围内已经设置了40多个台卡链,其中大约有一半位于西北欧海域。

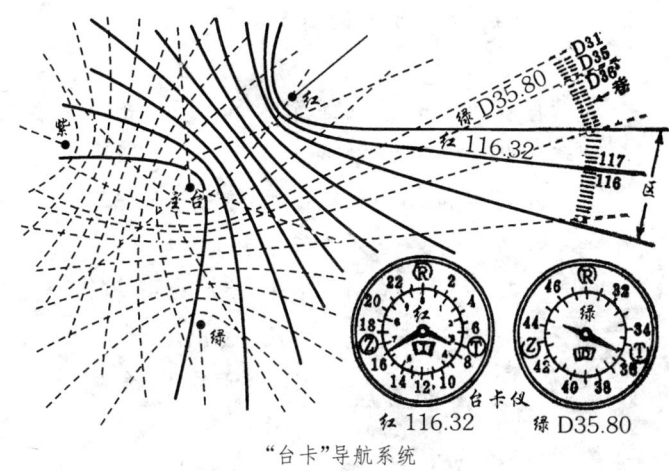

"台卡"导航系统

由于"台卡"导航系统的工作频率在70千赫~130千赫之间,接近天波频率,因此容易受天波的干扰。而天波的强度通常是白天减小,夜晚增大,因此,夜间干扰更为严重。正因为如此,"台卡"导航系统的定位精度变动较大,例如,白天在没有天波干扰的地区精度可达几十米,而夜间在天波干扰强烈的地区精度只有几海里。

293. "台卡"是怎样实现导航定位的?

一个"台卡"导航系统通常是由4个台组成一个台链。这4个台包括1个主台和3个副台。副台分别被称为红台、绿台和紫台,这样,"台卡"海图上的位置线可以分别用与之对应的色彩表示出来。3个副台位于近似等边三角形的顶点,而主台位于三角形的中心附近,与每个副台间的距离在60海里~120海里之间。

对于每一个台链来说,往往要规定一个公共的基频,主台和副台都以基频的整数倍频率发射信号,其中主台用6倍的基频,红台用8倍的基频,绿台用9倍的基频,紫台用5倍的基频。

"台卡"接收机同时接收4个台的信号,并对主台与每一个副台的相位差进行测量。可是,不同频率的信号是无法直接进行相位比较的,因此要先将收到的信号进行倍频,然后在相同的频率进行相位比较。例如,要比较主台和红台的相位时,由于主台的发射频率为6倍的基频,而红台发射的频率为8倍的基频,6和8的最小公倍数是24,所以,只要将接收的主台信号频率扩大4倍,红台信号频率扩大3倍,它们的频率就都变成了24倍的基频,于是可以在相同的频率下比较它们的相位。

"台卡"接收机

294. "奥米加"的突出优势是什么?

"奥米加"与"台卡"、"劳兰"一样,都属于双曲线导航方式。它的工作原理与"台卡"系统相似,而独特之处在于它工作在10千赫~14千赫的甚低频段,因此,在信号传输过程中衰减较小,作用距离可达9260千米~12964千米,属于远距离导航定位系统。

早在1940年,"台卡"的研究人员就发现,如果"台卡"用10.2千赫的频率工作,可实现远距离导航定位,但是由于爱尔兰邮局担心10.2千赫的低频信号可能会变换为高频声波,干扰电话通信,所以未能付诸实施。

1972年,美国海军开始研制"奥米加",尽管它的工作原理同"台卡"非常相似,也是采用相位比较的方式测定时间差,但是发射电波和电波方式与"台卡"明显不同。"奥米加"这个名字是希腊字母表的最后一个字母"Ω",看来研制人员确信这是一个最佳的导航系统,也是最后一个导航系统。

从作用距离来看,"奥米加"是双曲线导航中唯一能基本上覆盖全球的导航系统。从1972年美国在北达科他州建立第一个"奥米加"导航台,到1982年在澳大利亚伍德赛德建成最后一个导航台,"奥米加"系统在全世界共设置了8个发射台,能实现全天候、全球性无线电导航定位。另外,由于"奥米加"的工作频率较低,在水中的衰减相对较小,所以它还可以为水下10米~20米航行的潜艇进行导航定位,在军事上的用途也十分明显。

295."奥米加"与其他双曲线导航系统相比有什么优点?

当年,"奥米加"的研究人员用希腊字母表的最后一个字母"Ω"来命名,意味着这是一个"空前绝后"的导航系统,那么,与其他的双曲线导航系统相比,"奥米加"到底有什么优点呢?

首先,由于该系统工作在甚低频段,传输过程中衰减较小,因此,传播距离远,发射台覆盖面积大,仅用8个发射台就可覆盖全球,它的覆盖区大约是"劳兰A"的625

倍,"劳兰C"的25倍。这样,船舶或飞机在航行中无需由一个系统切换到另一个系统,而只需从一个台对转到另一个台对,不会中断导航定位过程。

其次,该系统测定相位差用10.2千赫,识别用11.33千赫和13.6千赫,因此,全部发射台只使用3个频率,占用频率资源较少。

再次,虽然"奥米加"作为远程导航系统,其定位精度不如近程导航系统,但是由于该系统导航作用距离很长,所以发射台与接收台相对位置的变化对定位精度影响小。定位精度白天约1海里,夜晚约2海里。

最后,由于在世界任何地点,一般都可接收到几个台的信号,人们可选择定位条件好的台,使其定位精度提高。这样做的另一个好处是,即使有一两个台发生了故障,也不会中断导航。

在当时看来,"奥米加"的确是双曲线无线导航中的佼佼者,但是与后来出现的卫星导航技术相比就显得相形见绌了。

296. 什么是卫星导航定位系统?

简单地说,卫星导航定位系统就是一种以卫星为基础的无线电导航系统。1960年4月,美国发射了世界上第一颗"子午仪"导航卫星,并于1964年建成第一代卫星导航定位系统。1978年以后又建立了第二代卫星导航定位系统——全球卫星定位系统(GPS)。

导航卫星按导航方法的不同可以分为多普勒测速导航卫星和时间测距导航卫星两种。前者是通过测量导航信号的多普勒频移来求出距离变化率,以进行导航定位的;后者则是通过测量导航信号的传播时间来求出距离,以进行导航定位的。根据用户的不同需要,导航卫星又可分为主动式导航卫星和被动式导航卫星。此外,还可按轨道的高低分为低轨道、中高轨道和地球同步轨道导航卫星。而按用途不同又可分为军用导航卫星和民用导航卫星。

卫星导航系统的出现,解决了大范围、全球性以及高精度、快速定位的问题,为车船、飞机、导弹武器提供了先进的导航服务。卫星导航定位系统是未来最有希望的导航系统。目前,国际上通用的卫星导航系统,只有美国的"子午仪"卫星导航系统和GPS全球定位系统。在这方面,美国始终保持其领先水平。俄罗斯在这个领域也拥有实用卫星导航系统。

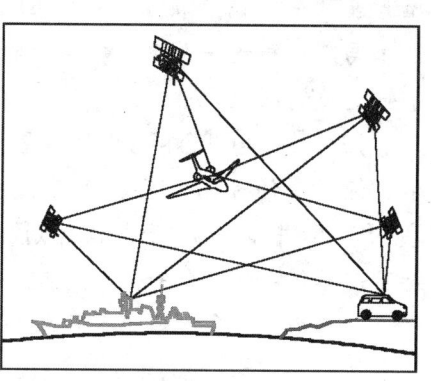

GPS导航系统

欧洲航天局也在组织研制类似的卫星导航全球定位系统,但至今还未达到完全实用化的程度。我国自行建立的第一代卫星导航定位系统——北斗导航系统即将投入使用。

297. "子午仪"卫星导航系统是怎样发明的？

1957年10月4日，前苏联发射了第一颗人造地球卫星。在跟踪它的过程中，美国科学家吉埃尔和怀芬伯奇无意中发现了在收到的无线电信号中存在着多普勒频移现象，也就是在卫星飞近地面接收机时，收到的信号频率逐渐升高；而卫星离去时，信号频率又逐渐降低。这种现象使他们意识到，在卫星通过他们上空期间，利用测定的各个电波信号频率变化量，就可以确定卫星的整个轨道。可是，另一位科学家却提出了一个相反的想法，要是事先知道了卫星的精确轨道，不就可以反过来确定接收机的位置吗？正是这一发现，竟然开辟了利用人造卫星进行导航定位的新纪元。

1958年，美国为解决"北极星"号核潜艇在深海航行和执行军事任务而需要精确定位的问题，开始研制军用导航卫星，并命名为"子午仪计划"。1960年4月，美国发射了世界第一颗"子午仪"导航卫星。1964年，卫星导航试验获得成功，并开始为美国海军提供服务。这就是世界上第一个卫星导航系统——海军卫星导航系统，又称"子午仪"卫星导航系统。"子午仪"卫星导航系统是低轨道导航卫星，它集中了远程无线电导航台全球覆盖和近程无线电导航台定位精度高的优点，仅用4颗卫星组成的太空导航星座就能提供全天候全球导航覆盖和周期性二维定位能力，使全球用户统一于地心坐标系，进行高精度定位，使导航技术产生了革命性突破。

298. "子午仪"卫星导航系统是由哪几部分构成的？

"子午仪"卫星导航系统是第一代卫星导航定位系统，当初是为美国海军导航而设计开发的。1967 年 7 月，美国政府宣布"子午仪"系统解密，可对民用开放。这样一个开放民用的全球性、全天候、精度较高的卫星导航系统，是由卫星网、地面跟踪站、计算中心、注入站、美国海军天文台和用户接收设备等六部分组成的。那么，每一部分的功能和作用又是什么呢？

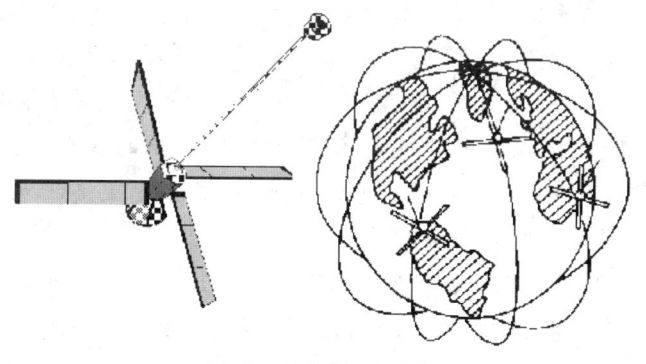

子午仪卫星和它运行的轨道

卫星网是"子午仪"卫星导航系统的核心，共由 4 颗～5 颗卫星组成，它们都是近极轨道卫星。地面跟踪站主要用来跟踪卫星，接收从卫星发来的信号并进行解调、记录并将数据送到计算中心处理。全球共设有 4 个卫星地面跟踪站。计算中心则是根据各跟踪站送来的数据，计算每颗卫星未来 16 小时内经过地球上方的位置，并将位置参数编码后送往注入站。注入站接收计算中心送来的数据，并存储在磁盘上，待卫星通过注入站上方时，将有关数据注入到卫星上,以调整卫星的工作状态。美国海军天文台可以接收卫星的时间信号,与世界时比对后,将时差值送入计算中心,从而使卫星、跟踪站、计算中心、注入站和用户接收设备实现时间的同步。用户接收设备则是通过接收卫星发射的无线电波,测量出多普勒频移,并根据频移计算出用户与卫星之间的斜距差,即可得到用户的位置参数。

299. "子午仪"卫星导航系统的定位精度是多少?

"子午仪"卫星导航系统是一种全球性、全天候卫星导航定位系统,1964年由美国研制成功并投入使用,1967年开始进入民用领域。这个系统利用地面用户设备接收"子午仪"卫星再一次通过视界期间所发出的信号,就能获得用户的准确位置。它的定点定位误差在接收双频(400兆赫、150兆赫)信号时,约为0.025海里;接收单频(400兆赫)信号时,约为0.05海里。如果因为船速和天线高度数据不准,航行时的定位误差可能会略大一些。一般情况下,船速每增加1节,定位误差会增加0.25海里。它的授时准确度约25微秒,利用改进的"诺瓦"(NOVA)卫星可将授时准确度提高到3微秒。

300. 为什么要开发第二代卫星导航系统?

虽然第一代卫星导航系统在船舶导航、定位方面有着很大的优越性,但是由于受当时空间技术水平的限制,也存在着不尽人意的地方。例如,导航卫星绕地球两极飞行,不能随时定位,必须等卫星飞到头顶上才能定位,两次定位时间间隔至少要1.5小时;完成一次定位需要十多分钟,这么长的定位时间,对于高速移动的物体,如飞机等,就显得力不从心;还有,它只能提供二维定位信息,即用户的经纬度坐标,而不能给出高度和速度信息。这些问题使人明显感觉到它已不能适应时代的要求,必须加以改进。这就是为什么要开发第二代卫星导航系统的主要原因。

301. 第二代卫星导航系统是什么时候正式投入使用的?

1973年12月,美国国防部决定研制第二代卫星导航系统。他们调集陆海空三军力量,旨在建立一个在世界上任何地点都能进行三维定位的系统,该系统被称为时距导航系统,或称全球卫星定位系统,简称GPS。这个系统是美国继"阿波罗"登月和航天飞机计划后,不惜花费130亿美元建设的第三项十分庞大的航天计划。它的目的就是要把发展GPS作为促进整个无线电导航现代化的核心,让它成为完善"星球大战计划"和战略导弹防御体系的一个重要组成部分。

这个系统原计划在1988年正式投入使用,后因1986年"挑战者"号航天飞机失事,美国政府压缩了预算,使该计划推迟到1994年7月才全部完成,并正式投入使用。

尽管这个系统能为全球提供方便、快捷、准确的导航定位信息,但是由于它受控于美国军方,所以不少国家从军事观点及经济利益出发,都纷纷致力于发展自己的卫星导航系统。

302. GPS是什么?

GPS是"全球定位系统"的英文简称。1973年,该系统由美国国防部组织实施,1994年7月全部建成并投入使用,是目前技术最成熟、功能最实用的一种卫星导航和定位系统。整个GPS系统由空间部分、地面控制部分和用户接收设备三大部分组成。

空间部分由21颗GPS卫星和3颗备份卫星组成,这些卫星在距地面约20000千米的准同步轨道上绕地球运行,运行周期为11小时58分。每颗卫星都会不间断地发出自己所在的位置及时间等信息,地球上的任何一个地方至少都能同时看到4颗GPS卫星,因此,在地球上的任何地点、任何时间都可以通过接收机同时收到来自4颗卫星的信号。

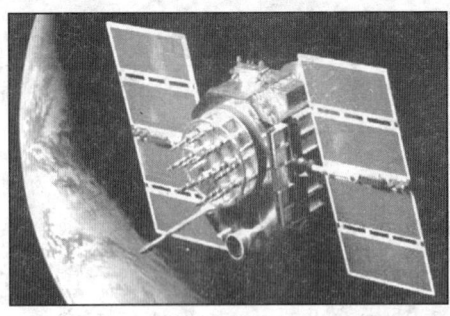

GPS导航卫星

控制部分用来控制GPS卫星在轨道上的运行状态。除了在美国科罗拉多州设有控制中心外,在南太平洋、南大西洋、印度洋和夏威夷等处,还分别设立了5个监测站,用来跟踪、监测每颗卫星的轨道运行情况,并将有关信息发回到控制中心进行处理,以确保卫星能按正确的轨道运行。

用户接收部分就是GPS接收器,用来接收卫星信号,并对收到的信号进行解密等运算,从而确定并显示自己的位置等导航定位参数。

303. GPS能提供哪些导航信息?

第二代卫星导航系统——GPS导航系统,已于1994年7月全部建成并正式投入使用。那么,它到底具有什么样的导航能力呢? 它不受天气影响,能在全球范围内对从地面到9000千米高空之间的任何载体提供24小时不间断的、高精度的7维信息,即3维位置、3维速度和1维时间。经过多年的导航定位实践证明,GPS系统是一个高精度、全天候和全球性的无线电导航、定位和定时等多功能系统。

GPS接收机

现在GPS系统已经发展成为陆地、海洋、航空、航天等多领域、多用途的卫星导航系统,可全面地应用于导航、精密定位、精确定时、卫星定轨、灾害监测、资源调查、工程建设、市镇规划、海洋开发、交通管制等各个方面。

304. GPS的导航定位精度有多高?

大家都知道,GPS能提供包括位置、速度和时间的7维导航信息,本领真是不小,可是它导航定位的精度有多高呢? 其实,在每个GPS卫星上都装有30万年内误差不超过1秒的原子钟,同时以粗码和精码两种方式,连续不断地向地球发送时间和位置信息。粗码即民用码,定位精度较低,约为100米,如果采用差分技术精度可提高到10米左右。精码即军用码,仅供美国国防部批准的用户使用,其定位精度小于10米,测速精度为0.06米/秒～0.1米/秒,授时精度百分之一秒。相应地,GPS提供两种定位业务,即供民用的标准定位业务和供军用的精确定位业务。

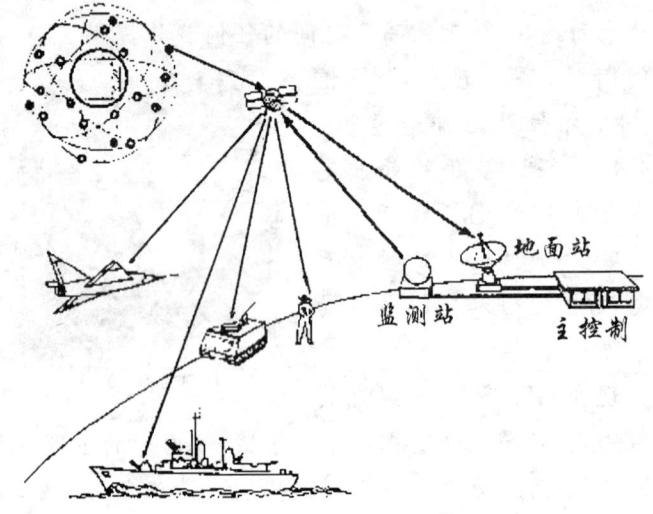

GPS导航系统

305. 我国第一个大型远程无线电导航系统是什么时候建成的?

早在20世纪50年代,我国就开始进行中远程无线电导航系统的论证科研工作。1965年5月,中央军委批准建设中远程无线电导航系统,代号为"长河二号"。但由于"文革"的干扰,直到1978年,经邓小平同志亲自批示后,工程才正式开始。海军某部从南到北建设了几个导航台站,组成了一个完整的岸基远程无线电导航系统,使游弋在大海上的中国船只可以随时随地接收到来自祖国的电波。1990年8月,新华社、《人民日报》、《解放军报》先后宣布:"我国建成第一个大型远程无线电导航系统"。

这套从美国引进的"劳兰C"导航系统,填补了我国中远程无线电导航领域的空白,对于我国西起北部湾,东至汕头沿海,南至南沙群岛的广大海域的航行安全保证、海洋油气资源调查和开发,具有重大的意义。

306. 为什么要使用综合导航仪?

事实上,船舶导航的方式有很多,从使用较早的无线电测向仪、"劳兰A"、普通雷达,到现在使用的比较先进的GPS系统等,都可用来进行船舶导航。如果单独使用某一种仪器导航,就称为分立仪器导航。实践证明,分立仪器导航有着许多不利之处。例如,功能单一,不能提供综合导航信息;各种导航仪器分立使用,测量信息得不到充分利用;驾驶人员用一种或多种仪器测量后,必须对所

得数据进行人工分析。这样,不仅花费了较多的时间和精力,也容易产生误差。因此,在船舶上安装综合导航

仪,是船舶仪器导航发展的必然趋势。

什么是综合导航仪呢？将各种导航仪器和其他仪器设备有机地组合为一个整体,就叫作综合导航仪。综合导航仪主要包括以下仪器设备:GPS导航仪、子午导航仪、"劳兰"接收机、"奥米加"接收机、"台卡"接收机、雷达、陀螺罗经、多普勒计程仪、声呐、回声测控仪、自动舵、电子海图、国际海事卫星通讯设备、计算机和打印机等。由于综合导航仪包括了各种导航仪器及辅助仪器,并将它们组成一个有机的整体,因此,它可以完成选择最佳航路、实现船舶自动航行、航行监测、定位及设备自动检测等多种功能,是一种可以实现船舶全面自动导航的仪器。

307. 我国卫星导航发展的现状怎么样？

自2000年10月31日以来,我国已成功发射了4颗"北斗导航试验卫星",建成了北斗导航试验系统。该系统可在服务区域内任何时间、任何地点,为用户确定其所在的地理经纬度信息,并提供双向短报文通信和精密授时服务。目前,该系统已在测绘、电信、水利、公路交通、铁路运输、渔业生产、勘探、森林防火和国家安全等诸多领域逐步发挥重要作用。

正在建设的北斗卫星导航系统的空间段由5颗静止轨道卫星和30颗非静止轨道卫星组成,其中分别于2007年4月14日和2009年4月15日成功发射了2颗北斗导航卫星,提供两种服务方式,即开放服务和授权服务。开放服务是在服务区免费提供定位、测速和授时服务,定位精度为10米,授时精度为50纳秒,测速精度为0.2

米/秒。授权服务是向授权用户提供更安全的定位、测速、授时和通信服务信息。北斗卫星导航系统与 GPS 和 GLONASS 系统最大的不同,在于它不仅能使用户知道自己的所在位置,还可以告诉别人自己的位置在什么地方,特别适用于需要导航与移动数据通信场所,如交通运输、调度指挥、搜索营救、地理信息实时查询等。

按照规划,这个系统将分两步来进行建设。第一步是在 2011 年建成一个覆盖中国及周边地区的区域导航定位系统,第二步是计划在 2020 年左右形成覆盖全球的卫星导航定位系统。

308. 我国的"北斗"技术优势在哪里?

为了打破美国的垄断,俄罗斯不惜耗资 30 多亿美元建起了自己的全球卫星导航系统格洛纳斯(GLONASS)。2002 年,欧盟也启动了"伽利略计划"。2003 年,我国与欧盟签署了有关伽利略计划的合作协定,目前双方合作项目已有 14 个。此外,我国自主研发的北斗卫星导航系统已经取得重大进展。

从目前的竞争格局看,GPS 无疑还占据着主导地位,但它的优势正逐步被其他三大系统所取代。从技术和应用前景上看,四大系统各有优劣,如果说 GPS 胜在成熟,"伽利略"胜在精准,那么"格洛纳斯"的最大价值就在于抗干扰能力强,而我国的北斗卫星导航系统的优势则在于互动性和开放性。

与美国的 GPS 相比,伽利略系统在许多方面具有优势,例如它的卫星数量多达 30 颗,其卫星轨道位置比

GPS 高。"伽利略"可以为地面用户提供 3 种类型的信号供选择，其中包括免费信号、加密且需交费才能使用的信号、加密且可以符合更高要求的信号。

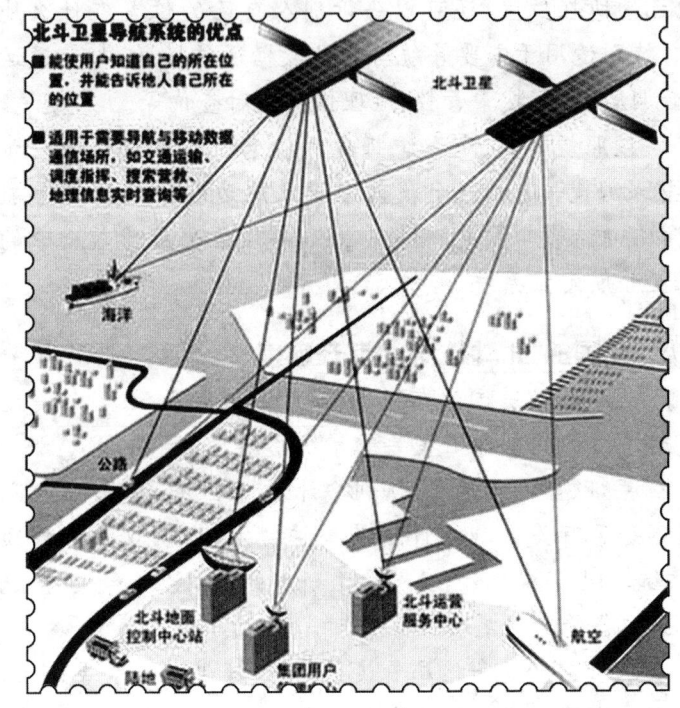

我国北斗技术优点

此外，伽利略卫星定位系统信号的最高精度比 GPS 高 10 倍，确定物体的误差范围在 1 米之内。正如有关专家所说："如今的 GPS 只能找到街道，而'伽利略'却能找到车库的门。"俄罗斯的格洛纳斯系统是由 24 颗卫星组成，也是由军方负责研制和控制的军民两用导航定位卫星系统。尽管它的定位精度比 GPS、"伽利略"略低，但其抗干扰能力是最强的。

我国自行研制生产的北斗卫星导航系统不仅具备在任何时间、任何地点为用户确定其所在的地理经纬度和海拔高度的能力,而且在定位性能上有所创新。北斗系统与其他系统最大的不同,在于它不仅能使用户知道自己的所在位置,还可以告诉别人自己所在的位置,也就是说,它同时具备定位和通信的双重功能,特别适用于需要导航与移动数据通信的场所。此外,我国还致力于提高北斗卫星导航系统与其他全球卫星导航系统的兼容性,促进卫星定位、导航、授时服务功能的应用范围。

编后记

世界的未来是青少年的,而世界未来的希望在海洋。21世纪的今天,世界已经进入全面开发和利用海洋的新时代。

在我国青少年中全面、系统地开展海洋知识的普及教育,以适应国际形势变化的需要和未来人类社会发展的需要,是我们当代海洋科技教育工作者的责任和义务。有感于此,我们来自国家机关、高等院校、科研院所、军事机构等40多位海洋科技工作者,花费了三年多时间,精心策划并编撰完成了我国有史以来第一部海洋知识体系最完备、内容最全面的科普图书。

《海洋小百科全书》共20分册,300余万字,110个知识大类,总7000余个知识问答,几乎涵盖了海洋自然科学、海洋人文科学、海洋军事科学的全部基本内容。本书第一版由中国少年儿童出版社于2002年5月出版,2003年9月荣获由中共中央宣传部等国家7个部门联合颁布的"第五届全国优秀科普作品奖科普图书类三等奖"。本书于2007年10月修订再版,现再次修订,由中山大学出版社出版。本次修订在保持原有知识体系和编写风格基本不变的情况下,除进行必要的知识内容更新外,又新增加了《海洋经济》分册,使《海洋小百科全书》的知识体系进一步完备,知识内容更加丰富。

本书自2002年5月出版至今,一直得到社会的普遍关注和广大读者的厚爱,在此,一并向曾经对本书编撰、出版、发行、修订等作出过贡献的人们表示衷心的谢意。

由于本书涵盖的知识内容宽泛,编写任务十分繁重,难免有知识遗漏和编写不当之处,欢迎广大读者提出宝贵的意见和建议。

《海洋小百科全书》主编:关庆利
2010年9月24日

《海洋小百科全书》分类目录

（20分册·110类）

1 海洋地理
  海洋地理大观
  世界海岛揽胜
  海洋地理趣闻
  奇妙海底世界
  海洋地质灾害
  神奇中国岛岸

2 海洋水文
  多姿多彩的海洋
  海水的自然神韵
  海洋与人类互动
  探测海洋的波脉

3 海洋气象
  走近海洋风暴
  探寻海洋天气
  感受海洋冷暖
  变换海洋风雨
  领悟沧海桑田
  俯观海气轮回

4 海洋探险
  古代海洋探险
  近代海洋探险
  现代极地探险
  环球海洋风采

5 海洋航运
  船舶千秋史话
  航海妙趣万千
  惊涛铸造奇闻
  中国航运今昔
  船运业务趣谈

6 极地科考
  挑战人类的环境
  不可争夺的领土
  南极人的生活
  南极生物奇趣
  揭开奥秘的考察
  北极世界的探索

7 海洋生物
  无限生机的海洋
  迷人的海洋奇葩
  璀璨的贝类明星
  威武的虾兵蟹将

微小的海洋居民
　　多彩的海洋植物
8　海洋动物
　　奇妙的动物家族
　　高超的生存技巧
　　神秘的自然之谜
　　复杂的生存关系
　　多彩的情爱生活
　　狰狞的危险动物
　　友善的人类朋友
9　海洋渔业
　　千姿百态捕鱼技术
　　海洋渔业发展史话
　　名贵海产品趣味谈
　　海产品美食与营养
　　海产品保健与药用
10　海洋化学
　　海水的趣味故事
　　海水的化学秘密
　　海水的化学资源
　　无尽的海底宝藏
　　流泪的海洋环境
11　海洋物理
　　妙趣横生海洋物理
　　威力无比海洋声学
　　奇光异彩海洋光学
　　探索海洋高新技术
　　四通八达海底电缆
　　准确无误导航技术
12　海洋工程
　　人类水下生活
　　探索海底世界
　　雄伟近岸工程
　　海上铸造希望
　　港口飞架彩虹
　　旅游方兴未艾
　　无尽海洋能源
13　海洋科教
　　著名的海洋科学家
　　世界海洋科技之最
　　重大海洋科学考察
　　世界海洋科研教育
14　海洋权益
　　蓝色的海洋国土
　　繁杂的海域划分
　　激烈的海洋争斗
　　独特的海运规则
　　严格的船舶管理
　　复杂的海事纠纷
　　神圣的海洋权益

15 海洋经济
海商奠基帝国兴起
追寻民族海商踪迹
当代海洋经济概览
日新月异朝阳产业
夯实蓝色经济基石

16 海洋文学
中国古代海洋文学
中国现代海洋文学
外国古代海洋文学
外国现代海洋文学
中外海洋影视文学

17 海洋文化
海洋神化故事
海洋语言文字
海洋绘画名作
海洋雕塑艺术
海洋音乐经典
海洋民俗风情

海洋著作学说

18 海军兵器
凶悍的汪洋猛鲨
奇妙的掠波剑鱼
神秘的龙宫巨鲸
无敌的长空雄鹰
未来的海战新秀
难忘的千年风流

19 古今海战
古代海战追踪
近代海战掠影
"一战"群雄争霸
"二战"邪灭正兴
现代海战大观

20 海洋军事
海军兵力纵横
海军礼仪风采
海军名人传奇
海军趣闻轶事